# 转基因生物及其检测技术

薛良义　主　编

史西志　贾永红　副主编

科学出版社

北　京

## 内 容 简 介

全书共分六章。第一章简单介绍了转基因的概念、发展现状，转基因生物的优势和风险。第二至六章较详细地论述了转基因技术和转基因生物研发的一般过程，转基因技术在生物医药、农业和食品方面的应用，转基因生物的安全性评价和安全管理以及转基因生物的检测技术。

本书是作者在从事转基因食品安全分析教学和研究的基础上，综合近年来国内外的研究成果编写而成，可作为大学生物、食品相关专业学生的教材，也可供其他教学、科研相关人员及中学生物学教师参考使用。

**图书在版编目(CIP)数据**

转基因生物及其检测技术 / 薛良义主编. —北京：科学出版社，2012.10

ISBN 978-7-03-035632-1

Ⅰ.①转… Ⅱ.①薛… Ⅲ.①转基因技术–生物工程 Ⅳ.①Q785

中国版本图书馆 CIP 数据核字(2012)第 227234 号

责任编辑：朱　灵 / 责任校对：谭宏宇
责任印制：黄晓鸣 / 封面设计：殷　靓

科学出版社 出版
北京东黄城根北街 16 号
邮政编码：100717
http://www.sciencep.com
南京展望文化发展有限公司排版
广东虎彩云印刷有限公司印刷
科学出版社发行　各地新华书店经销

*

2012 年 10 月第　一　版　开本：B5(720×1000)
2025 年 1 月第三十二次印刷　印张：11
字数：207 000

**定价：39.00 元**

(如有印装质量问题，我社负责调换)

# 前言

自1982年通过转基因获得“超级小鼠”和1983年首次获得转基因植物以来，转基因生物技术得到了飞速的发展。目前全世界转基因植物已达200多种，有29个国家种植转基因作物，2011年全世界转基因作物种植面积达到1.6亿$hm^2$，对全球的经济发展和环境变化已经产生了重大影响。转基因植物改良的性状涉及抗虫、抗病、抗除草剂、抗胁迫、提高产量和品质等。利用原核显微注射法、病毒载体法等技术获得了多种转基因动物，如转基因猪、牛、羊、兔、鸡和鲤鱼等，某些转基因动物已经在医学疾病模型、生物制药及农牧业等领域得到了应用。

随着转基因生物技术产业的发展，特别是1993年世界上第一种转基因食品——转基因晚熟西红柿正式投放美国市场以来，转基因生物与人们日常生活的关系越来越密切。人们也越来越关心转基因食品对人类健康的影响、转基因生物对生态环境及生物多样性潜在的危害。为了适应转基因生物技术产业发展的趋势，我们在宁波市生物医药应用型专业人才培养基地项目的资助下，建设了转基因生物检测实验室，为学生开设了转基因食品安全分析课程和有关转基因生物检测的实验项目。本书是作者在从事有关转基因生物教学和科研的基础上，综合近年来国内外的研究成果编写而成。

全书分 6 章。第一章简单介绍了转基因的概念、发展现状，转基因生物的优势和风险；第二章较详细论述了动植物转基因的方法和转基因生物研发的一般过程；第三章介绍了转基因技术在生物医药、农业和食品等领域的应用；第四章为转基因生物的安全性评价，主要包括转基因食品食用安全性评价的原理及方法，以及转基因生物的环境安全性评价；第五章为转基因生物的安全管理，主要介绍了农业转基因生物安全管理以及国内外农业转基因生物安全管理政策和法规；第六章为转基因生物检测技术，介绍了转基因生物检测的多种技术以及检测技术的标准化。其中，第一章、第四至六章由宁波大学薛良义、史西志编写；第二章和第三章由浙江万里学院贾永红编写。

限于作者的知识水平，书中的错误和缺点在所难免，有些观点也可能会引起争论，恳请读者批评指正。

编　者

2012 年 6 月

# 目录

# 第一章 绪 论

## 第一节 转基因生物的概念

从字面上理解，转基因指的就是基因的转移。实际上，转基因有两种含义：广义和特定的含义。广义的转基因泛指生物间基因的转移。自然界物种间的天然杂交和农业生产中常用的杂交育种，都发生了多个基因甚至整个基因组的转移。我们现在种植的许多作物几乎都是经过多年的遗传选育培育而成，大都有基因的转移。从这种意义上讲，转基因在自然界生物进化过程中早已存在，并不新奇，人们也早已利用它进行农作物遗传改良。

现在人们常说的转基因往往是指它的特定含义，即专指利用现代遗传工程技术，将人们期望的目标基因，经人工分离和遗传修饰，重新导入生物体的基因组中，从而可以按照人们的意愿创造出自然界中原来不存在的新的生物功能和类型，如改善生物体原有性状或赋予其新的优良性状。因此，转基因生物是指在未经过天然交配或者天然重组的情况下导入外来基因，致使遗传物质发生改变的生物，国际上普遍称作"遗传修饰生物"(genetically modified organism, GMO)。例如，苏云金杆菌含有可以产生对鳞翅目昆虫有毒性的蛋白的基因，把这种基因移植到棉花体内，使棉花产生这种蛋白，获得了抗棉铃虫的能力；生活在南北极严寒地区的鱼类体内具有抗冻基因，科学家将抗冻基因转入番茄中，获得了抗寒能力增强的转基因番茄。像这样含有转基因成分的生物就是转基因生物，以转基因生物为直接食品或为原料加工生产的食品就是转基因食品。

## 第二节 转基因生物的发展现状

### 一、转基因植物

转基因技术自 20 世纪 70 年代问世后便成为现代生物技术的核心，引发了包括农业在内的生命科学领域的深刻技术革命。目前，转基因生物发展最广泛的是转基因植物。以农作物为例，1983 年美国科学家培植了世界上第一种转基因植物——含抗生素药类抗体的转基因烟草，1985 年人类首次进行能够抵抗虫害和病害的转基因作物的田间试验，1993 年第一种市场化的转基因食品——转基因晚熟番茄在美国出现，1996 年由这种转基因番茄加工而成的食品允许在超市中销售。自转基因农作物商业化应用以来，全球转基因作物始终保持强劲的发展势头，种植面积逐年扩大，商业化应用速度逐年加快。目前全世界转基因植物已达 200 多种，获得政府批准上市的品种已有 40 多个，其中转基因作物超过 25 种，主要种植的 4 种转基因作物是玉米、棉花、大豆和油菜，其他的转基因作物包括番茄、甜菜、烟草、康乃馨、菊苣、番木瓜、西葫芦、马铃薯、亚麻、向日葵、香蕉和水稻等。这些转基因作物改良的目标性状涉及抗病虫、抗除草剂和品质改良等 13 类。在我国，目前也出现了转基因水稻、玉米、大豆、棉花等多种转基因作物。

转基因植物的研究呈现出如下特点：① 转基因技术创新日新月异。随着现代生命科学的发展，基因克隆技术突飞猛进，一些新基因、新性状、新方法和新产品不断涌现；转基因技术研究手段和技术水平不断提高，基因删除技术、定向定时表达技术等新的基因操作技术和遗传转化方法不断出现，转化效率大幅度提高。② 品种培育从重视性状改良向生物反应器方向发展，呈现出代际特征。第一代转基因生物新品种着重于发展抗性转基因，例如抗除草剂、抗虫、抗旱、抗盐碱和抗寒等，往往改善产品的单一性状；第二代转基因生物新品种侧重于改变作物的品质，比如增加营养、提高食品的医疗保健功能等，而且多基因聚合的复合性状正成为转基因技术研究的重点；第三代转基因生物新品种是把转基因植物发展为工业和医药用生物反应器。2010 年，复合性状转基因作物（转双基因和三基因的转基因作物）种植面积达 3 220 万 $hm^2$，占全球转基因作物种植面积的 22%；2011 年复合性状转基因作物的种植面积达 4 220 万 $hm^2$，占全球转基因作物种植面积的 26%。③ 转基因作物的产业化应用规模迅速扩大。自 1996 年首例转基因农作物商业化应用以来，全球已有 25 种转基因作物的商业化种植。以抗除草剂和抗虫两类基因为例，转基因大豆、棉花、玉米、油菜为代表的转基因作物产业化速度明显加快，种植面积由 1996 年的 170 万 $hm^2$ 发展到 2011 年的 1.6 亿 $hm^2$，15 年间增长了 93 倍。转基因大豆、玉米、棉花、油菜的种植面积分别占全球转基因作物种植面积的 53%、30%、12%和 5%。④ 转基因作物的生态效益、经济效益十分显著。1996～2010 年，转基因作物为发展中国家和发达国家带来了同样的累计经济效益（均为 390 亿美元），而 2010 年一年为发展中国家所带来的经济效益（77 亿美元）则高于发达国家（63 亿美元）。14 年间累计减少使用杀虫剂有效成分 44.3 万 t，仅 2010 年一年减少使用杀虫剂有效成分 4.32 万 t，$CO_2$ 190 亿 kg。⑤ 国际竞争日益激烈。随着转基因农作物种植面积、产量和贸易量的增加，2011 年转基因作物的全球市场价值已达 132 亿美元，转基因技术研究和产业应用的国际竞争更加激烈。美国、加拿大、澳大利亚正在推进转基因小麦的产业化应用。巴西由于种植转基因大豆，实现了免耕密植，种植模式发生了革命性变化，大豆产业国际竞争力大幅提升。印度已经大面积种植转基因棉花，排名已经超过中国。欧盟已有 7 个国家允许种植转基因玉米，美国、伊朗等国先后批准了转基因水稻的种植。

据不完全统计，1996～2009 年，全球因种植转基因作物创造了 650 亿美元的经济效益，挽回产量损失 2.29 亿 t，减少农药用量 39.3 万 t。发展中国家 1 440 万农户因种植转基因作物而增加收益和摆脱贫困。由于效益显著，许多发展中国家急起直追，大力推进转基因产品的开发和应用。自 2009 年起，发展中国家转基因作物种植面积增长速度已超过发达国家。

据国际农业生物技术应用服务组织发布的统计资料，2010 年全球转基因作物种植面积达到 1.48 亿 $hm^2$（折合 22.2 亿亩，1 亩$=\frac{1}{15}$ $hm^2$，是我国耕地面积的 1.2 倍），比 2009 年增加 10%，是 1996 年种植面积的 87 倍，创造了近代农业科技发展的奇迹。全世界 81%的大豆、64%的棉花、29%的玉米、23%的油菜都是转基因品种。大面积种植转基因作物的国家有美国、巴西、阿根廷、印度、加拿大、中国等 29 个，其中也包括 8 个欧盟成员国；另有 30 多个国家和地区虽未正式批准商业化种植，但允许转基因产品进口用作饲料和食品加工。在已种植转基因作物的 29 个国家中，19 个为发展中国家，发展中国家 2010 年种植的转基因作物面积占全世界的 48%。中国、印度、巴西、阿根廷和南非在 2010 年共种植 6 300 万 $hm^2$ 的转基因作物，占全世界的 43%。

2011 年，来自 29 个不同国家的 1 670 万农民种植了 1.6 亿 $hm^2$ 的转基因作物（表 1-1），种植面积比 2010 年增长 8%。转基因作物种植面积最大的国家仍然是美国，达到 6 900 万 $hm^2$，主要为玉米、大豆、棉花、油菜等；巴西、阿根廷分列第二和第三位，种植面积分别为 3 030 万 $hm^2$ 和 2 370 万 $hm^2$。其余名列前位的国家是印度、加拿大、中国、巴拉圭、巴基斯坦、南非和乌拉圭，种植面积均超过百万公顷。

国际农业生物技术应用服务组织主席克莱夫・詹姆士预测，到 2015 年，全球将有约 40 个国家的 2 000 万以上的农民种植 2 亿 $hm^2$ 转基因作物，发展中国家转基因作物种植面积将超过工业国。拉美和亚洲国家将在全球转基因作物种植面积增长方面发挥最重要的作用。全球转基因作物产业化已经产生了巨大的经济、社会和生态效益，为应对当前国际社会面临的可持续发展、减轻贫困和饥饿、环境保护等做出了贡献。

我国转基因研究已有 20 多年的发展和积累，现已初步建成世界上为数不多的，包括基因克隆、遗传转化、品种选育、安全评价、产品开发、应用推广等各环节在内的比较完整的转基因育种创新和产业发展体系。虽然研究开发的整体实力同发达国家还有较大差距，但已拥有一批抗病虫、抗除草剂、优质、抗旱等基因的自主知识产权和核心技术，取得了转基因抗虫棉花、抗虫水稻、植酸酶玉米等一批达到国际先进水平的基础研究和应用研究成果，初步形成了自己的特色与优势。如我国独立研制的抗虫棉，推广 12 年来创造了超过 330 亿元的经济效益，对促进农业增产、农民增收发挥了巨大作用。

**表 1-1　2011 年世界各国种植转基因作物的面积**　（引自 Clive James，2011）

| 排　名 | 国　家 | 面积（百万 $hm^2$） | 转 基 因 作 物 |
|---|---|---|---|
| 1 | 美　国 | 69.0 | 玉米、大豆、棉花、油菜、甜菜、苜蓿、番木瓜、南瓜 |
| 2 | 巴　西 | 30.3 | 大豆、玉米、棉花 |
| 3 | 阿根廷 | 23.7 | 大豆、玉米、棉花 |
| 4 | 印　度 | 10.6 | 棉花 |
| 5 | 加拿大 | 10.4 | 油菜、玉米、大豆、甜菜 |
| 6 | 中　国 | 3.9 | 棉花、番木瓜、杨树、马铃薯、甜椒 |
| 7 | 巴拉圭 | 2.8 | 大豆 |
| 8 | 巴基斯坦 | 2.6 | 棉花 |
| 9 | 南　非 | 2.3 | 玉米、大豆、棉花 |
| 10 | 乌拉圭 | 1.3 | 大豆、玉米 |
| 11 | 玻利维亚 | 0.9 | 大豆 |
| 12 | 澳大利亚 | 0.7 | 棉花、油菜 |
| 13 | 菲律宾 | 0.6 | 玉米 |
| 14 | 缅　甸 | 0.3 | 棉花 |
| 15 | 布基纳法索 | 0.3 | 棉花 |
| 16 | 墨西哥 | 0.2 | 棉花、大豆 |
| 17 | 西班牙 | 0.1 | 玉米 |
| 18 | 哥伦比亚 | <0.1 | 棉花 |
| 19 | 智　利 | <0.1 | 玉米、大豆、油菜 |
| 20 | 洪都拉斯 | <0.1 | 玉米 |
| 21 | 葡萄牙 | <0.1 | 玉米 |
| 22 | 捷克共和国 | <0.1 | 玉米 |
| 23 | 波　兰 | <0.1 | 玉米 |
| 24 | 埃　及 | <0.1 | 玉米 |
| 25 | 斯洛伐克 | <0.1 | 玉米 |
| 26 | 罗马尼亚 | <0.1 | 玉米 |
| 27 | 瑞　典 | <0.1 | 马铃薯 |
| 28 | 哥斯达黎加 | <0.1 | 棉花、大豆 |
| 29 | 德　国 | <0.1 | 马铃薯 |
| 总计 | | 160.0 | |

转基因植物除了作为食品外，还可用来生产疫苗。2006年，美国农业部批准了转基因鸡新城疫植物疫苗商品化，这是第一个被许可上市的兽用转基因植物疫苗。该疫苗采用烟草细胞作为表达体系，生产出具有抗鸡新城疫病毒的安全有效的疫苗，是畜禽转基因植物疫苗研究的巨大突破。同年，古巴哈瓦那遗传工程和生物技术研究中心成功研制了乙型肝炎表面抗原抗体，这是第一个被批准规模化生产的植物源抗体。美国Sigma公司于2008年进行了用于表达抗生物素和牛胰蛋白酶玉米以及表达人溶菌酶和乳铁蛋白水稻的大面积田间试验。除此以外，口蹄疫病毒、牛瘟病毒、猪流行性腹泻病毒、禽传染性支气管炎病毒及犬细小病毒等多种动物病毒的抗原也在植物中得到了成功表达。迄今为止，已经有20多种基因工程疫苗进入临床应用。

## 二、转基因动物

对转基因动物的研究可追溯到20世纪60年代末和70年代初，有人尝试向蛙卵和小鼠胚胎注射mRNA，但真正发生重大影响的是1982年Palmiter等在《自然》杂志上报道的“超级小鼠”，含外源生长激素基因的小鼠比正常小鼠几乎大一倍。自此引发了人们对转基因动物研究的热潮，也引起了人们对转基因动物可能产生的环境和社会问题的担忧。

迄今已经获得了多种转基因动物，如转基因猪、兔、绵羊、山羊、牛、猴、鸡和鲤鱼等，我国在转基因鱼的研究和开发上处于国际领先地位，已获得生长速度明显提高的转基因鲤鱼。最近，我国成功获得了含乳糖分解酶基因的转基因克隆奶牛，可从奶源上解决东方人中普遍存在的“乳糖不适症”问题。转基因动物已经深刻影响到医学疾病模型、生物制药和农牧业等领域，同时也推动了生命科学研究的发展。如利用转基因技术已经建立了癌症、镰刀型红细胞贫血、糖尿病、原发性高血压、早老性痴呆症和艾滋病等多种人类疾病动物模型；2009年美国批准了首个转基因动物用于生产抗血栓药物重组人抗凝血酶Ⅲ（商品名Atryn），也是世界第一个转基因动物生产的药物用于临床治疗。该药品是从转基因山羊的羊奶中提取纯化出来的，用于治疗遗传性抗凝血酶缺乏症的疾病。

由于目前转基因动物尚存在外源基因整合和表达效率低、外源基因在宿主基因组中的行为难以控制、转基因动物及其相关产品的安全性等问题，与转基因农作物相比，转基因动物尚未得到大规模的应用。

## 三、转基因微生物

除了转基因植物和动物外，全球很多企业已成功地应用转基因微生物生产食品酶制剂。利用基因工程技术改良菌种而生产的第一种食品酶制剂是凝乳酶，美国于1990年批准可应用于干酪生产，美国70%(英国市场达90%)的干酪生产过程中使用了来自转基因微生物的凝乳酶。除了凝乳酶外，还有许多来源于转基因微生物的食品酶制剂，如α-淀粉酶，木聚糖酶，葡萄糖氧化酶，纤维素酶，三酰基甘油脂肪酶，磷脂酶A、B、D等70余种，其中应用于食品行业的转基因微生物生产的酶就有48种。除了食品领域，转基因微生物还可用来生产微生物农药(如Bt转基因菌剂)和药物(如人胰岛素)。

## 第三节 转基因生物的优势

随着转基因生物产业的发展，特别是转基因植物育种的快速发展，转基因生物已经对经济和社会发展产生了重大的影响。尤其是这种发展是在时起时伏的"转基因生物安全性"的争议中取得的，说明了转基因技术的强大生命力。转基因技术也是人类历史上应用最为迅速的重大技术之一。

育种的核心内容是创造变异和利用变异，在育种上，转基因技术与传统的杂交技术本质上都是通过获得优良基因对生物进行遗传改良，因此，转基因技术是传统育种技术的发展和延伸。但转基因技术与传统的杂交育种技术有两点不同：① 传统的杂交技术一般只能在生物种内或近缘种间个体上实现基因转移，而转基因技术所转移的基因则不受生物体间亲缘关系的限制；② 传统的杂交和选择技术一般是在生物个体水平上进行，操作对象是整个基因组，不可能准确地对某个基因进行操作和选择，对后代的表现预见性较差，而转基因技术所操作和转移的一般是最有用的一个或几个基因，功能清楚，后代表现可准确预期。因此，将转基因技术与常规育种技术紧密结合，可相得益彰，大大提高品种改良效率。

以农作物为例，转基因技术具有如下优势：① 转基因育种突破了传统育种方法难以解决的遗传障碍，能够更有效地改造作物的遗传特性，从而培育出更加高产、优质、多抗、高效的新品种。② 减轻病虫害危害，改善农业生态环境。全球转基因技术的研发与应用表明，抗虫和抗除草剂等转基因作物的种植不仅在提高农作物产量方面成效显著，而且在改善农业生态环境方面也显示出巨大优势。培育抗病虫、抗除草剂、抗旱、耐盐碱、养分高效利用等转基因新品种，将显著减少农药、化肥和水的使用，有利于缓解环境污染，更好地保护生态环境。如中国农业科学院培育的转基因抗病毒马铃薯品种，不仅具有抗病性，而且产量可达每亩2 000 kg，从根本上解决了病毒病引起的种性退化问题，是继茎尖脱毒组织培养后获得无毒苗的又一途径。③ 降低生产成本，增加农民收入。由于转基因新品种在高产、优质、低耗等方面的优势，全球转基因作物种植农户累计获得经济效益440亿美元，农民增收25%左右。我国棉农也因种植转基因棉花，每亩节本增收130元，农民累计增收 250 亿元。④ 拓展产业形态，提高产品附加值。目前，功能性和治疗性转基因食品、转基因生物能源和环保产品相继研发成功，部分转基因药物上市销售，使转基因植物品种正在由简单性状改良向复杂性状改良，由农业领域向医药、加工、能源、环保领域拓展等方向发展，能够缓解资源约束，进一步拓展农业功能，提高农业生产效率。如人葡萄糖脑苷脂酶(human glucocerebrosidase，hGC)是用于治疗遗传病——高歇斯症(Gausher disease)的特效药，可能也是当今世界最昂贵的药物，每生产一个剂量的 hGC 需要 2 000～8 000 个人类胎盘，故该药物一直供不应求。在转 hGC 基因的烟草中，hGC 的表达量可高达 1 mg/g 鲜重，一株转基因烟草 hGC 的表达量相当于 2 000～8 000 个人类胎盘的提取物。

从近年来转基因产业的发展情况来看，越来越多的国家参与转基因农作物的种植，且种植面积不断扩大，转基因已是大势所趋，成为农业科技发展的必然。我国是人口大国，人均资源贫乏，解决 13 亿人口吃饭问题始终是头等大事。在工业化、城镇化快速发展中，要想突破耕地、水、能源等资源约束，保障农产品长期有效供给，归根结底要靠科技创新及应用。传统技术(杂交育种、化肥、农药等)的使用已经无法满足未来社会和人口发展的需要，发展转基因技术不但可以大幅度提高农业综合生产能力，确保农产品有效供给，保障我国粮食安全，还可以显著减少农药用量，减少家畜养殖污染，提高水肥利用效率，改善农业生态环境，大幅度提高农业生态安全保障能力，明显降低农业生产成本、减轻农民劳动强度，大幅度提高种植业和养殖业的经济效益。因此，抓住转基因技术发展机遇，推进现代农业科技革命，就成为确保国家粮食安全和农业可持续发展的必然选择，也是提升农业科技和产业国际竞争力的重要途径。

## 第四节 转基因生物的安全性

在转基因植物种类和种植面积迅猛增加的同时，转基因生物的安全性已成为人们普遍关注的一个问题，在全世界激起了广泛的争论。对这一问题，仁者见仁，智者见智，在今后相当长一段时间内，这种争论仍将继续。

目前对转基因生物安全性的关注主要集中在两个方面：① 转基因生物对自然生态环境和生物多样性的安全性问题；② 转基因生物对人类健康的安全性问题。此外，有些学者还提出了转基因作物对国家粮食生产安全性的问题，孟山都(Monsanto)、先正达(Syngenta)、安万特(Aventis)和杜邦(Du Pont)等跨国公司巨头拥有绝大多数转基因作物的专利，几乎垄断了全球转基因农作物种子市场，中国虽然也拥有一些转基因作物的自主知识产权，但有些技术受制于国外的专利。由于转基因作物不能留种，如果大量种植转基因作物，如转基因水稻，跨国公司就可能从根本上控制中国的粮食生产，从而给中国的农业经济安全带来巨大的威胁。

## 一、转基因生物的生态安全性

转基因植物释放到田间后，是否会破坏自然界的生态环境，是否会打破原有生物种群的动态平衡，所转的基因是否会逃逸、扩散到野生植物中，这些都是环境安全性评价的核心问题。如含抗除草剂基因的转基因作物通过花粉的传播，将抗除草剂基因转入周围野生近缘种植物，可使野生近缘种植物成为“超级杂草”。对转Bt毒蛋白基因棉花的研究显示，其花粉在7 m远处的杂交频率小于1%，在25 m处，小于1%的杂交偶尔发生。转基因作物还可能对非目标生物造成危害，如果非目标生物摄食了转Bt毒蛋白基因的植物，或者昆虫天敌直接捕食、摄食了含毒蛋白的目标生物和非目标生物，这样非目标生物和昆虫天敌就有机会接触到毒蛋白，从而可能受到影响。含有病毒基因的转基因抗病毒植物最受关注的一个问题是转基因有可能会与其他病毒重组，具有产生新的甚至危害性更大的病毒的风险。此外，转基因植物及其产物进入土壤后，可能会与土壤微生物发生相互作用，影响一些微生物的代谢活动，进而对生物地球化学循环产生重要影响。

帝王蝶(monarch butterfly)与墨西哥玉米事件凸显了转基因植物对环境安全性的争议。1999年，美国康奈尔大学昆虫学家Losey在《自然》杂志上报道，用拌有转Bt基因抗虫玉米花粉的马利筋草可致帝王蝶幼虫死亡。这一研究发表后，立刻在世界范围内掀起了一场有关转基因作物生态安全的辩论。环保主义者因此提出应限制种植与销售Bt玉米。然而，Losey的实验受到了同行科学家们和美国环境保护局的质疑：这一实验是在实验室完成的，并不反映田间情况，而直接把实验室试验结果推广到自然界是环境研究的第一大忌；另外，该实验报告没有提供花粉量的数据。针对这些质疑，美国环境保护局组织昆虫专家对帝王蝶问题展开专题研究。结论认为，转基因抗虫玉米花粉在田间对帝王蝶并无威胁，原因是：① 玉米花粉大而重，因此扩散不远。在田间，距玉米田5 m远的马利筋杂草上，每平方厘米草叶上只发现有一粒玉米花粉。② 帝王蝶通常不吃玉米花粉，它们在玉米散粉之后才会大量产卵。③ 在所调查的美国中西部田间，田间帝王蝶的实际数量很大。2001年，美国环保局组织昆虫专家对此进行专题研究讨论后认为，抗虫玉米花粉在田间对帝王蝶的威胁极其微小。此后，很多科学家对帝王蝶的研究和观察一直在继续，基本上认可了美国环保局的结论。

就在帝王蝶事件余波未平之际，美国加州大学伯克利分校的Quist等在2001年《自然》杂志上报道，自20世纪90年代墨西哥的一些山区推广种植转基因玉米以来，由于转基因玉米的基因漂移，在墨西哥野生玉米中检测到了转基因成分，墨西哥野生玉米种质受到严重的基因污染，并导致野生玉米遗传多样性的丧失。但

Quist 等的研究很快遭到同行科学家质疑。其他科学家检查了其试验过程和数据，发现多处错误。《自然》于 2002 年 4 月 11 日载文 2 篇，批评该文作者在基因检测时，错误解释了试验结果，他们的结论是对不可靠的实验结果的错误解释。《自然》杂志同期发表编辑声明：该文所提供的证据不足以支撑其发表，作者为支持其结论提交的新证据还需要进一步检验。

帝王蝶与墨西哥玉米事件表明，科学界一直在密切关注转基因作物是否会对环境造成影响，而并非如一些反对转基因的人士所说，这方面的研究应被压制。相反，各国农业环境保护专家，包括美国国家科学院、环保局，欧盟政府研究机构，中国农科院植物保护所的专家等，都在对转基因作物的种植进行长年严谨的监测和研究。而帝王蝶与墨西哥玉米事件最初的论文被发表后，科学界也在自发地检验，科学界的基本逻辑是科学结论必须要有足够的支持证据。

我国对自主研发的抗虫转基因水稻安全评价试验表明：在分子特征方面，转入的外源基因可以稳定遗传和表达，能够高抗稻纵卷叶螟、二化螟、三化螟等鳞翅目害虫；在环境安全性方面，转基因水稻的生存竞争能力、向野生稻发生基因漂移可能造成的环境影响、对稻飞虱等非目标害虫的影响、对稻田蜘蛛等天敌和有益昆虫的影响和对稻田节肢动物多样性的影响等方面，与非转基因对照相比均无明显变化；在食用安全方面，转基因稻米关键营养成分、抗营养因子与非转基因水稻相比没有生物学意义上的差异；大鼠 90 d 喂养试验、短期喂养试验、遗传毒性试验、三代繁殖试验、慢性毒性试验以及 Bt 蛋白的急性经口毒性试验结果表明，对试验动物无不良影响；表达蛋白与已知过敏原的氨基酸序列无同源性，体外模拟胃肠液中易消化。综合分析，转基因水稻与亲本水稻相比具有相同的食用安全性。

## 二、转基因生物的健康安全性

随着转基因农作物产业的迅猛发展，转基因食品已经越来越多地进入人们的日常生活。虽然迄今为止，转基因食品在进入市场前都经过严谨的安全评估，但人类长期食用是否安全仍然存疑，科学界对转基因食品是否有副作用这个关键性问题也还未达成共识。持肯定态度的学者认为，自美国第一批转基因番茄上市以来，全球约有一半的人食用过转基因食品，10 多年来尚未报道过一例食品安全事件；我国进口转基因大豆较多，约有一半的大豆色拉油中含有转基因成分，目前也没有出现问题。欧洲官方食品安全认证机构欧洲食品安全局（European Food Safety Agency，EFSA）在历次评估报告中都指出，相比于常规作物，没有任何证据表明已经批准上市的转基因作物会给人类健康和环境带来更多潜在的和现实的风险。持否定态度的学者认为，转基因食品具遗传毒性，会对实验动物造成损害。也有人认为，即使目前尚未发现转基因食品对人类健康造成危害，但也不表明它就是安全的。

1998 年 8 月 10 日，苏格兰罗威特研究所(Rowett Institute)的普兹泰(Arpad Pusztai)在电视节目中介绍了自己的一项实验。他用两种自己构建的含植物凝血素的转基因土豆喂养大鼠，发现“这些食用了转基因土豆的大鼠出现了轻微的发育迟缓现象，免疫系统也受到影响”。随后，普兹泰的实验设计方法遭到了其他的科学家的质疑：① 普兹泰选择生土豆作饲料来喂养大鼠，而土豆在生吃状态下含有很多自然毒素，容易导致问题；② 普兹泰声称发现了毒性反应的凝血素的实验组并未使用转基因土豆，而是直接在普通的生土豆中添加外源低毒性凝血素，且用量超过正常适用范围的 5 000 倍；③ 另一种较安全的凝血素无论是在转基因实验组中，还是被人为地加入土豆中(含量是转基因土豆的 100 倍)，都没有对大鼠的发育产生任何影响。英国皇家学会对“普兹泰事件”高度重视，组织了不同领域的专家对该实验进行了评估。1999 年 5 月，评审报告指出普兹泰的实验存在许多问题，主要包含 6 个方面：① 不能确定转基因与非转基因马铃薯的化学成分有差异；② 对试验用的大鼠仅仅食用富含淀粉的转基因马铃薯，未补充其他蛋白质以防止饥饿是不适当的；③ 供实验用的动物数量太少，饲喂几种不同的食物，且都不是大鼠的标准食物，欠缺统计学意义；④ 实验设计差，未按照该类试验的惯例进行双盲测定；⑤ 统计方法不恰当；⑥ 实验结果无一致性。基于以上事实，主流科学界普遍认为普兹泰的数据不能作为支持转基因食品会损害发育和免疫系统的证据。

2007 年，在奥地利政府的资助下，维也纳大学的 Zentek 教授及其研究小组受奥地利政府委托，对孟山都公司研发的转基因玉米 NK603(抗除草剂)和转基因玉米 MON810(Bt 抗虫)的杂交品种进行了实验。他们声称，喂了 20 周转基因杂交玉米的小鼠产下的第三窝和第四窝的后代数量较少、体重较轻。这一结论立刻被绿色和平组织等反转基因团体广泛传播，认为转基因作物的遗传毒性到第三代开始暴露。实际上，奥地利政府关于转基因玉米是否影响小鼠生殖共委托进行了三项研究，其中仅 Zentek 负责的一项发现了潜在问题。奥地利联邦卫生家庭及青年部对此展开了调查，并分别委托同行和欧洲食品安全局对该研究进行评议，最终得出了结论，认为这一项研究对统计数据的分析是不正确的，因此其结论不可靠，不能用于回答该转基因作物是否安全的问题。2010 年 3 月，奥地利政府更是进一步宣布，不接受 Zentek 提交的研究。

2011 年，张辰宇及其研究团队发现植物的 miRNA 可以通过日常食物摄取的方式进入人体的血液和组织器官，并调控人体内靶基因表达，从而影响摄食者的生理功能。这一研究结果公布后，再次引起了人们对转基因食品安全的关注。人们关心转基因食物中的这些分子是否对人类的健康具有潜在的影响。目前，科学界对张教授这一研究结果存在争论，尚有一些未解答的问题，如 RNAs 是否会通过某些方式进一步修饰而避过消化，以及这些分子如何影响人类生理等。因而，有些学者指出仅凭这一研究就得出转基因生物对人类健康有害的结论并不合适。

对于像转基因这种新生事物，存在争议是正常的，有必要对转基因生物的安全性进行深入的研究，而关键是要有科学依据。科学研究必须符合规范，科学结论必须建立在能站得住脚的科学证据基础之上，同时要让公众具有知情权。

## 第五节 转基因生物的管理

转基因生物是把“双刃剑”，一方面能提高农作物的产量和品质，缓解全球对粮食需求的压力，并产生巨大的经济和社会效益，另一方面由于转基因生物的不可预测效应，对生态环境和人类健康具有潜在的安全性风险。

由于对转基因生物安全性的关注，许多国际组织积极推动生物安全的国际立法和管理。1992 年 6 月，联合国环境与发展大会通过了《生物多样性公约》，其中的第 8、15 和 19 条对生物安全作出了框架性规定。根据《生物多样性公约》的框架和规定，经过 7 年多的努力，在 2000 年初蒙特利尔生物安全国际会议上通过了《卡特赫纳生物安全议定书》。迄今国际上已有 100 多个国家批准加入或核准《卡特赫纳生物安全议定书》，成为《卡特赫纳生物安全议定书》的缔约方，中国于 2000 年 8 月 8 日签署该议定书。《卡特赫纳生物安全议定书》的核心内容包括：对转基因生物提前知情同意程序、同意进口的决定程序、列明资料、进口拟作食物或饲料或加工之用 GMO 的程序、风险评估、运输、包装和标识以及赔偿责任和补救的规则和程序。

中国作为转基因科研和应用的重要国家之一，对转基因生物安全管理一直持积极而稳妥的态度。在管理模式上综合借鉴了美国和欧盟的做法，既针对产品又针对过程，力求在科学评价、依法管理，确保转基因生物安全的前提下加快研究、推进应用；在制度设计上则强调符合国际惯例、适合我国国情和维护国家利益。近年来，在转基因生物的评估和安全管理方面建立了一系列法规。2001 年国务院颁布了《农业转基因生物安全管理条例》，要求对“在中华人民共和国境内从事农业转基因生物的研究、试验、生产、加工、经营和进口、出口活动”进行全程监管；2002 年农业部发布了与《农业转基因生物安全管理条例》配套的三个管理办法，即《农业转基因生物安全评价管理办法》、《农业转基因生物进口安全管理办法》和《农业转基因生物标识管理办法》；卫生部于 2002 年颁布了《转基因食品卫生管理办法》；国家质量监督检验检疫总局于 2004 年发布并实施了《进出境转基因产品检验检疫管理办法》；2006 年农业部通过了《农业转基因生物加工审批办法》。这些法规建立了转基因生物安全评价制度、生产许可制度、加工许可制度、经营许可制度、进口管理制度、标识制度等。2012 年，我国在《粮食法(征求意见稿)》中规定，转基因粮食种子的科研、试验、生产、销售、进出口应当符合国家有关规定。强调要在科学评估、依法管理基础上，推进转基因新品种产业化，任何单位和个人不得擅自在主要粮食品种上应用转基因技术。《粮食法(征求意见稿)》意在规范和促进转基因技术及其产业的健康发展，也为我国进一步规范和加强转基因安全管理，修改和完善相关法规提供了法律依据。我国 2012 年中央农村工作会议和中央一号文件均提出要"继续实施转基因生物新品种培育重大专项"。有学者认为经过科学评估、依法审批的转基因作物是安全的，它的风险是可以预防和控制的，在保障安全的前提下，我国推进转基因生物育种应用的战略决策是坚定不移的。

总之，在重视转基因生物安全性并加强管理的同时，人们也必须认识到转基因技术及其产品的出现乃是人类社会发展的客观必然。当务之急不应该是简单地反对或者赞成，而是必须对转基因产品进行全面、充分的研究和客观、具体的评价，从而使其在造福人类的同时，能有效地减少或避免对人类健康及其生存环境可能产生的潜在危害。

# 第二章　转基因生物技术

## 第一节　重组 DNA 技术发展史上的重大事件

重组 DNA 技术(DNA recombination)又称基因工程(gene engineering),是指将一种或多种生物体(供体)的基因与载体在体外进行剪切与重组,然后转入另一种生物体(受体)内,使之按照人们的意愿表达出新的性状。这种技术不受物种亲缘关系的限制,为分子遗传机制研究和分子育种的实践应用开辟了新的途径。

1972 年,美国 Berg 和 Jackson 等将猿猴病毒 SV40 基因组 DNA、λ 噬菌体基因以及大肠杆菌半乳糖操纵子在体外重组获得成功。翌年,美国斯坦福大学的 Cohen 和 Boyer 等在体外构建出含有四环素和链霉素两个抗性基因的重组质粒,将之导入大肠杆菌后,该重组质粒能够稳定复制,并赋予了受体细胞相应的抗生素抗性,由此宣告了基因工程的诞生。出于对合成基因的担心,重组 DNA 技术在诞生之初经受了流言、威胁、技术限制等多种负面因素影响,后经生物学家不断地技术改造,DNA 重组中涉及的载体和受体系统的安全性得到很大提高,最终走出困境并蓬勃发展。

纵观重组 DNA 技术发展历程,从最开始对 DNA 分子的认识,继而对 DNA 分子的深入研究,直至基因组计划的深入探索和大规模基因组测序的大范围展开,在每个时期都发生过一些具有里程碑意义的事件(表 2-1)。

**表 2-1　DNA 重组技术发展历程及一些重大事件**

| 时　间 | 研究者或机构 | 重　大　事　件 |
|---|---|---|
| 1944 | Avery | 证明 DNA 是遗传物质 |
| 1953 | Watson,Crick | 发现 DNA 分子的双螺旋结构 |
| 1957 | A. Kornberg | 在大肠杆菌中发现 DNA 聚合酶 I |
| 1958 | Meselson,Stahl | 提出了 DNA 的半保留复制模型 |
| 1960 | Ochoa | 发现 RNA 聚合酶和信使 RNA,并证明 mRNA 决定蛋白质分子中的氨基酸序列 |

续 表

| 时 间 | 研究者或机构 | 重 大 事 件 |
|---|---|---|
| 1961 | Nirenberg | 破译了第一个遗传密码 |
| 1961 | Jacob,Monod | 提出了调节基因表达的操纵子模型 |
| 1964 | Yanofsky,Brener | 肽链氨基酸序列与其核苷酸序列存在共线性关系 |
| 1966 | Nirenberg et al. | 破译了全部遗传密码 |
| 1970 | Smith et al. | 分离了第一种限制性核酸内切酶 |
| 1970 | Temin,Baltimore | 从 RNA 肿瘤病毒中发现反转录酶 |
| 1972 | Boyer,Berg | 获得第一个重组 DNA 分子 |
| 1973 | Boyer,Berg | 完成第一例细菌基因克隆 |
| 1975 | Sanger et al. | 发明了 DNA 序列测定技术 |
| 1981 | Palmiter,Brinster | 获得转基因小鼠 |
| 1982 | 英、美等政府 | 批准了第一例基因工程药物——胰岛素 |
| 1984 | 斯坦福大学 | 获得重组 DNA 的专利 |
| 1988 | Waston | 出任"人类基因组计划"首席科学家 |
| 1992 | 欧共体 35 个实验室 | 完成酵母第三条染色体全序列测定工作 |
| 1997 | 罗斯林研究所 | 获得体细胞克隆羊"多莉" |
| 2000 | "美、英、德、日、法、中"6 国 | 人类基因组计划完成 |
| 2003 | 罗斯林研究所 | 第一只克隆羊"多莉"死亡 |
| 2004 | 国际大鼠基因组测序合作组织 | 大鼠基因组草图发布 |
| 2005 | 454 公司 | 454 公司首推新一代测序仪 |
| 2008 | 贝勒医学院和 454 公司 | 首张个人基因组图谱 |
| 2010 | 加利福尼亚私人基因研究公司 | 推出个人化治疗方案 |

## 第二节 目的基因的分离

要进行转基因研究，首要工作就是获得目的基因，借此才能开展目的基因的生物学功能及调控机制研究，或建立相应的表达系统以得到表达蛋白用于后续工作。下面，对比较常用的目的基因获取方法做概要介绍。

### 一、从基因文库中分离目的基因

基因文库(gene library)是指某一生物体全部或部分基因的重组子的集合体。其构建的主要步骤是：将某个生物的基因组 DNA 或 cDNA 片段在体外与合适的载体重组后，将其转入宿主细胞，通过一定的筛选方法得到大量阳性克隆子的集合体。依据 DNA 片段的差异，基因文库可分基因组文库(genomic library)和 cDNA 文库(cDNA library)两类；依据载体的不同，基因文库可分为质粒文库、噬菌体文库、酵母人工染色体文库等。构建了基因文库后，目的基因的获取就相当于从基因文库中"钓鱼"。

**1. 基因组文库的构建**

基因组文库是指将某一生物的全部基因组 DNA 用限制性内切酶或机械力切割成一定长度的 DNA 片段，再与合适的载体在体外重组并转化相应的宿主细胞所获得的所有阳性克隆子。基因组文库包含了基因的全部信息，如编码区与非编码区、内含子与外显子、启动子及调控序列。其构建步骤如下：

(1) DNA 的制备

原核生物的基因组 DNA 包括拟核中的 DNA 与附加遗传体系，如质粒中的 DNA；真核生物基因组 DNA 包括核基因组及细胞器 DNA(如线粒体与叶绿体中的 DNA)。不同来源的 DNA，其分离与制备方法各有不同，一方面是因为基因结构与组成存在差异，另一方面也与构建载体有关系。例如，在构建 λ 噬菌体基因组文库与人工染色体基因组文库时，因两个载体携带的 DNA 片段大小不同，相应的基因组制备方法也不同。

为构建高质量的基因组文库，在基因组 DNA 提取时，应力求 DNA 在长度与数量上完整，尽量减少提取过程中 DNA 的丢失。高质量的基因组 DNA 应满足如下几个条件：① 结构具有相对完整性；② 尽量排除其他大分子成分(如蛋白质、多糖、RNA 等)的污染；③ 保证提取样品中不含对酶有抑制作用的有机溶剂及离子等，以满足后续酶切等操作对 DNA 质量的要求。

(2) DNA 的切割

为了将大片段的基因组 DNA 切割成大小均一的、长度符合载体要求的短片段 DNA，通常采用两种方法：一是物理方法，即利用机械力和超声波将 DNA 打断，如以 1 500 r/min 的转速搅拌 30 min，可得到平均长度为 8 kb 左右的 DNA 分子群体，或用超声波强烈作用于 DNA 溶液，可使 DNA 断裂成 300 bp 的短片段，这些 DNA 片段通常为平头末端或带有一个短的单链尾巴；二是生化方法，即利用限制性核酸内切酶降解基因组 DNA。通常选择 4 碱基识别序列的限制性核酸内切酶，如 *Alu* Ⅰ、*Hae* Ⅱ、*Mbo* Ⅰ、*Sau*3A 等，它们在 DNA 上的随机切割位点多，只要控制酶切消化时间，基本上可以将 DNA 切割成均一的不同长度的片段，且多具有黏性末端。

(3) 载体与受体的选择、连接与转化

构建基因组文库所用的载体通常有 4 种：λ 噬菌体、柯斯质粒、酵母人工染色体(YAC)和细菌人工染色体(BAC)。用于基因文库构建的受体细胞大多情况下选择大肠杆菌,因其繁殖迅速,易于培养与保存,而且操作简便,转化效率高。不过,在 YAC 做载体时,必须用酵母细胞作为受体细胞。有时候也可选择动植物细胞作为受体细胞。

(4) 连接与转化

所谓连接是指将片段化的基因组 DNA 与载体在 T4 DNA 连接酶的作用下连接在一起的过程。在连接反应体系中,主要表现有 4 种不同的连接方式:载体自连、载体与基因组 DNA 片段连接、基因组 DNA 片段自连、基因组 DNA 片段之间的连接。其中,只有载体与基因组 DNA 之间的连接才是所需要的,要通过调整载体与基因组 DNA 的比例来达到较好效果。在转化实验中,需要选择转化效率高的感受态细胞,寻找较好的转化条件。

(5) 文库的保存

当基因组 DNA 片段与载体完成连接,且成功转入受体大肠杆菌后,可通过繁殖使包含特定 DNA 片段的细菌增多。如果采用液体培养方法繁殖细菌,因各个细菌连接的基因组 DNA 片段可能不同,细菌的生存和繁殖能力会有差异,结果会使各个克隆被保存的机会也不相等。不过,如果采用固体培养基繁殖细菌,因每一个细菌会单独形成一个菌落,各个细菌之间并不相互干扰和竞争,从而有利于全部克隆的保存。

**2. cDNA 文库的构建**

cDNA 文库是指将生物某一组织细胞中的总 mRNA 分离出来作为模板,在体外用反转录酶合成互补双链的 cDNA,然后连接到合适的载体上,转入宿主细胞后形成的所有克隆。cDNA 文库反映了特定组织或器官在特定环境条件下的基因表达谱,对研究基因的表达、调控及相互间的作用非常有用。cDNA 文库构建过程如下:

(1) mRNA 的分离

首先,抽提特定组织细胞的总 RNA,然后再将 mRNA 从 rRNA 和 tRNA 中分离出来。真核生物 mRNA 分子的 3′端有一段 poly(A)尾巴,可为 mRNA 的分离提供选择标志,如 Oligo(dT)-纤维素柱层析分离纯化 mRNA 即是基于此原理而进行的。在有些生物公司开发的 mRNA 抽提试剂盒中,将生物素标记的 Oligo(dT)引物与细胞总 RNA 温育后,加入负载于微磁珠上的抗生物素蛋白以结合 mRNA,再将混合物置于强力磁场中,洗涤、洗脱后,通过磁场吸附作用将 mRNA 从总 RNA 中分离出来。

(2) cDNA 第一条链的合成

cDNA 第一条链的合成是由 mRNA 反转录为 cDNA 的过程。在此过程中,经常会用到 AMV(来自禽成髓细胞瘤病毒)或 MLV(来自 Moloey 鼠白血病病毒)两种反转录酶。这类反转录酶是一种多功能酶,不仅能把 mRNA 反转录成 cDNA,而且还能水解 cDNA - mRNA 杂合链中的 mRNA,即表现出核糖核酸酶 H(RNase H)的活性。

反转录实验常用引物有两种:Oligo(dT)和随机引物。Oligo(dT)由 10～20 个脱氧胸腺嘧啶核苷和一段带有稀有酶切位点的引物共同组成,能结合在 mRNA 的 3′端,因此从理论上说,得到的 cDNA 的第一条链的 5′端应该是完整的。然而实际上,反转录酶从 mRNA 分子的 3′端转移到 5′端的过程中,有时会从 mRNA 上掉下来,致使合成的 cDNA 链不完整,特别是对于那些碱基数特别多的 mRNA 而言,出现的可能性更大。随机引物由 6～10 个碱基的寡核苷酸短片段组成,这些随机片段可以同时与 mRNA 模板上的许多位点结合,也就是说 cDNA 的合成不仅仅从 3′末端的 poly(A)一处开始,因此这种方法和 Oligo(dT)方法比,更容易获得靠近 mRNA5′端的序列。

(3) cDNA 第二条链的合成

cDNA 第一条链合成后,cDNA 与 mRNA 之间形成了杂合双链。为了得到能够与载体克隆的双链 cDNA,必须将杂合双链中的 mRNA 降解去除,然后再在 DNA 聚合酶Ⅰ或其大片段 Klenow 片段的作用下合成 cDNA 的第二条链。cDNA 第二条链的合成通常有三种方法:

1) 自身引导合成法　　本法也称 S1 核酸酶降解法或回折法。在第一条 cDNA 单链合成时,其 3′末端发生自身环化,形成一个短的发夹结构(hair-pin loop),可当做第二条 cDNA 链合成的引物,结果形成发夹环相连的 cDNA 双链。而 S1 单链核酸酶可将连接处的单链发夹切断,形成 cDNA 分子。

2) 置换合成法　　本法又称取代法。因 RNase H 能识别并切割 mRNA - cDNA 杂合双链,形成切口和缺口,将未切割掉的却依然与 cDNA 相连的片段作为第二条 cDNA 链合成的引物。在此合成过程中,DNA 聚合酶Ⅰ既发挥 5′端到 3′端的聚合作用,也发挥 5′端到 3′端核酸外切酶的活性,将作为引物的 mRNA 短片段逐一降解,最后在 DNA 连接酶的作用下将这些片段连接为一条完整的 cDNA 第二链。

3) 随机引物合成法　　用六核苷酸在 DNA 链上随机引发合成第二条链,这样可以合成全长 cDNA,mRNA 的 5′端不丢失。

(4) 双链 cDNA 与载体的连接

得到双链 cDNA 分子之后,还需将双链 cDNA 分子与适当的载体连接形成重组载体分子,再导入宿主细胞中扩增以形成克隆。在双链 cDNA 分子与载体连接时,有时 cDNA 分子 5′端被单链核酸酶或 DNA 聚合酶Ⅰ消化,形成了平末端,而

cDNA 分子的 3′端带有 poly(A/T)，在两端均没有合适的限制性核酸内切酶的酶切位点时，需要采用末端转移酶加尾或用 T4 DNA 连接酶在 3′和 5′端加上适当的衔接头，才能与具有相应末端的载体分子连接。

### 3. 基因文库完整性的评价

基因文库的完整性是指从基因文库中筛选出含有某一基因的重组克隆的概率。

(1) 基因组 DNA 文库的完整性测定

基因组文库的完整性包含两层含义：一是文库具有代表性，即文库中所有克隆所携带的 DNA 片段重新组合起来可以覆盖整个基因组，或者说基因组中的任何一段 DNA 都可以从文库中分离得到。二是具有随机性，即基因组每段 DNA 在文库中出现的频率都应该是均等的。通常，可以根据以下公式来计算某一基因组文库中所包含的克隆数目：

$$N=\ln(1-P)/\ln(1-X/Y) \qquad \text{(公式 2-1)}$$

式中，$N$ 为重组体个数(基因组文库的大小)；$P$ 为希望获得的概率(完整文库一般为 99%)；$X$ 为文库中每个克隆所含的外源 DNA 片段的平均长度；$Y$ 为该生物基因组的大小(单倍体基因组长度)。

例如，人的基因组总长度为 $3\times10^9$ bp(Y)，假如以噬菌体作载体构建基因组文库，插入片段平均大小为 $1.7\times10^4$ bp(X)，则一个完整文库的重组克隆总数应该为：

$$N=\ln(1-0.99)/\ln(1-1.7\times10^4/3\times10^9)=8.1\times10^5$$

也就是说，如果用噬菌体作为载体构建人的基因组文库，至少需要 81 万个克隆数目才有 99%的概率从文库中筛选到任何一个基因，所以完整基因组文库的克隆数目为 81 万。

(2) cDNA 文库的完整性测定

cDNA 文件库完整性包含两层意思：一是文库的代表性，即所构建的 cDNA 文库中包含的重组 cDNA 分子所反映的来源细胞中表达信息的完整性，也即 mRNA 种类的完整性。构建的原始 cDNA 文库中所包含的独立的重组子克隆数，也称为文库的库容量，是一个衡量文库代表性好坏的重要指标。库容量取决于来源细胞中表达出的 mRNA 种类和每种 mRNA 序列的拷贝数，一个正常细胞含 10 000～30 000 种不同的 mRNA，按丰度可分为低丰度、中丰度和高丰度三种，当某一种在细胞总计数群中所占比例少于 0.5%时，称为低丰度 mRNA。满足最低要求的 cDNA 文库的库容量可由 Clack-Carbor 公式来计算：

$$N=\ln(1-P)/\ln(1-1/n) \qquad (公式 2-2)$$

式中，$N$ 为 cDNA 文库所包含的克隆数目；$P$ 为文库中任何一种 mRNA 序列信息的概率（通常为 99%）；$1/n$ 为每一种低丰度 mRNA 占总 mRNA 的比值。

一个完整的 cDNA 文库不仅应该包含高丰度 mRNA 基因，也应该包含低丰度 mRNA 基因。为了能获得不同丰度的 mRNA 的基因，应构建的 cDNA 基因文库的大小不同。cDNA 文库大小可按以下理论公式估算：

文库中 cDNA 的克隆数＝细胞总 mRNA 分子数/细胞中某种 mRNA 的拷贝数　（公式 2-3）

cDNA 文库完整性的另外一层意思是指在细胞中表达出的各种 mRNA 片段的序列完整性。来源细胞中所包含的各种 mRNA 尽管具体序列不同，但基本上均由 5′非翻译区、中间的编码区和 3′端非翻译区等三部分组成。

**4. 目的基因的分离**

由于基因组文库或 cDNA 文库是以噬菌斑或菌落的形式保存的，在文库中将目的基因筛选出来的方法通常采用菌落（噬菌斑）原位杂交法，即直接以菌落或噬菌斑为对象来检测目的基因重组子的技术，它能从成千上万个重组子中迅速检出期望的与探针序列同源的目的基因的重组子。虽然理论上如此，不过在实际操作中，因为有的重组子数目非常多，远远不能用一块或几块平板完成筛选，如一个由 50 万个重组克隆组成的基因文库，可能需要成百个平板进行杂交。因此，用二步或三步原位杂交法是一种比较实际可行的操作，概要如下：① 制备高密度板，此时菌落或菌斑可能有重叠，但实验仍可进行；② 用感光胶片确定阳性杂交所发生的区域，挖下这一区域的固体琼脂，用培养基重新稀释；③ 再次涂板，使平板中菌落数大大减少，最后完成探针杂交，挑选出期望的重组克隆。

在探针的选择与使用上，有以下几种情况：① 如果目的基因序列已知，可以利用该基因或其部分序列作为探针筛选该基因的克隆；② 如果目的基因序列未知，而其他生物的同源基因已被克隆，则可以利用该同源基因或其部分序列制备探针来筛选基因文库，对阳性克隆子进行测序，并与已知基因序列或同源序列进行比较，最后确定是否为待分离的目的基因；③ 目的基因或其同源基因序列未知，但该基因的蛋白质产物已分离纯化，在这种情况下，可以利用蛋白质测序技术测定氨基酸序列，按照遗传密码及其兼并性推测该蛋白的核苷酸序列，然后人工合成一段寡核苷酸片段作为探针，从 cDNA 文库或基因组文库中筛选相应的基因。

## 二、利用 PCR 技术分离目的基因

PCR(polymerase chain reaction)即多聚酶链式反应，是利用碱基互补配对原则，经过高温变性、低温复性、子链延伸的不断循环，在体外快速、选择性地扩增目的基因或目的 DNA 的一种方法。首先，分别在待扩增的模板 DNA 分子的两端各设计一条引物 P1 和 P2，P1 和 P2 按照 5′到 3′的方向相向配置。然后在含有引物、DNA 的合成底物 dNTPs 的缓冲液中高温变性，使双链 DNA 变成单链 DNA 模板，降低温度复性，使引物与模板 DNA 配对。最后利用耐热的 DNA 聚合酶便可以合成与目的 DNA 互补的 DNA。依据已有基因的序列特性和实验目的的不同，简要介绍以下几种常用的 PCR 技术。

### 1. RT-PCR

RT-PCR(reverse transcription-polymerase chain reaction)即反转录-聚合酶链式反应，是一种将 mRNA 反转录与 PCR 技术相偶联的靶基因分离技术。RT-PCR 一般包括两个步骤：① 以 mRNA 为模板用反转录酶合成 cDNA 第一条链；② 以 cDNA 的第一条链为模板做常规 PCR，合成双链 DNA 分子。在反转录反应的第一个步骤中，模板是总 RNA 或 mRNA，所用引物是 Oligo(dT)或随机引物。Oligo(dT)引物是针对真核生物 mRNA 在 3′端均带有 poly(A)结构而设计的；随机引物扩增的结果，对总 RNA 来说，产物中除了 mRNA 反转录的 cDNA 外，大部分为 rRNA 反转录产物。在反转录反应的第二个步骤中，DNA 扩增一定需要靶基因的一对特异性引物，这样才能获得目的基因。

常见的 RT-PCR 反应包括一步法和两步法两种类型。一步法是 RT 与 PCR 两个过程在同一个反应管和单一的反应缓冲液中完成，RT 反应后不用打开反应管；两步法是先在一个管中合成 cDNA 第一条链，再在另外一个管中加入靶基因特异性引物而合成第二条链。这两个方法各有优缺点，要依实验目的而定。

### 2. 反向 PCR

常规 PCR 扩增的方向是由两端向中间进行的，而反向 PCR(inverse PCR)却刚好相反，是由中间向两端延伸，适于对已知序列两侧未知序列的扩增。在反向 PCR 扩增时，DNA 模板必须先经过某种限制性内切酶切割，然后通过连接使含有已知序列的 DNA 环化，使设计的引物由原来的相反转为相对，这样就还原为常规 PCR 操作。实验步骤包括：① 用限制性内切酶消化待测线性

DNA 模板；② 用连接酶将酶切后的线性 DNA 模板自身连接成环状分子，从而使引物处于一个相对位置；③ 用以下两种方式进行未知序列的扩增，第一是用设计的引物直接进行常规 PCR 扩增；第二是先把环化的 DNA 用另一种限制性内切酶消化，将环状 DNA 从已知区域中间切开，使线性化的 DNA 的两侧为已知序列，未知序列夹在中间，再按常规 PCR 进行扩增（图2－1）。

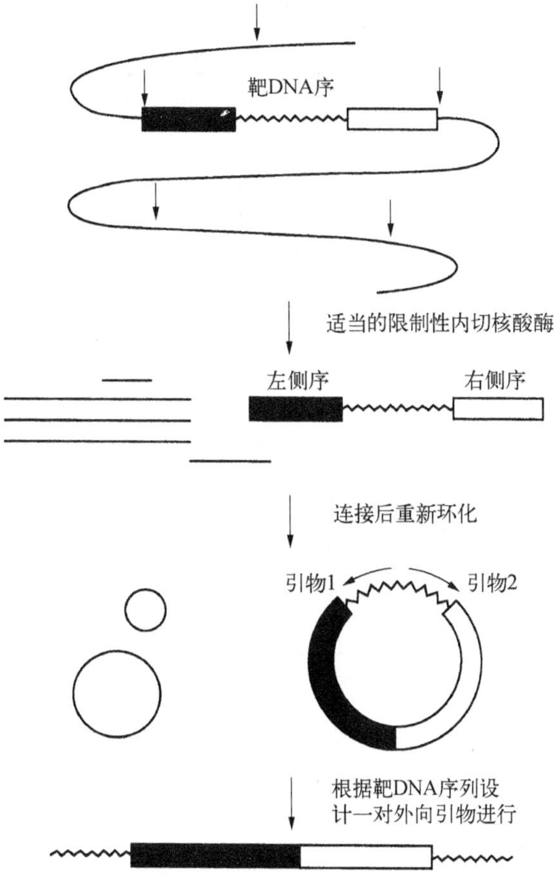


图 2－1 反向 PCR 原理示意图
（引自龙敏南，2010）

### 3. RACE－PCR

在 cDNA 克隆时，经常会出现末端序列丢失的情况，而要得到全长 cDNA 克隆，一个有效的方法就是借助 cDNA 末端的快速扩增法（rapid amplification of cDNA end，RACE），即 RACE 技术。该技术以部分已知区域序列为起点，扩增基因转录本未知区域，从而获得 cDNA 完整序列。根据待扩增序列与已知序列的位置关系，可分 3′ RACE 和 5′ RACE，分别用于获得已知序列位点下游和上游的 mRNA 未知序列。

（1）3′RACE

3′RACE 操作分两步：① 通过反转录获得 3′末端的第一链 cDNA 序列；② 以第一链 cDNA 产物为模板，以套式引物扩增出 3′末端序列。为方便后续的研究，3′RACE的反转录引物的两端需要特殊设计，其 5′端添加一定特定序列，有外侧引物区（outer primer，OP）和内侧引物区（inner primer，IP）两部分组成，OP 和 IP 将为后续的两轮 PCR 扩增提供引物序列。在扩增 3′端未知序列时，可设计两条基因特异性引物，即 GSP1（外侧基因特异性引物）和 GSP2（内侧基因特异性引物），先是 GSP1 和 OP 组合进行第一轮 PCR 扩增，然后以第一轮扩增产物为模板，以内部套式引物即 GSP2 和 IP 组合进行二次 PCR 扩增，以提高产物的特异性（图 2－2）。

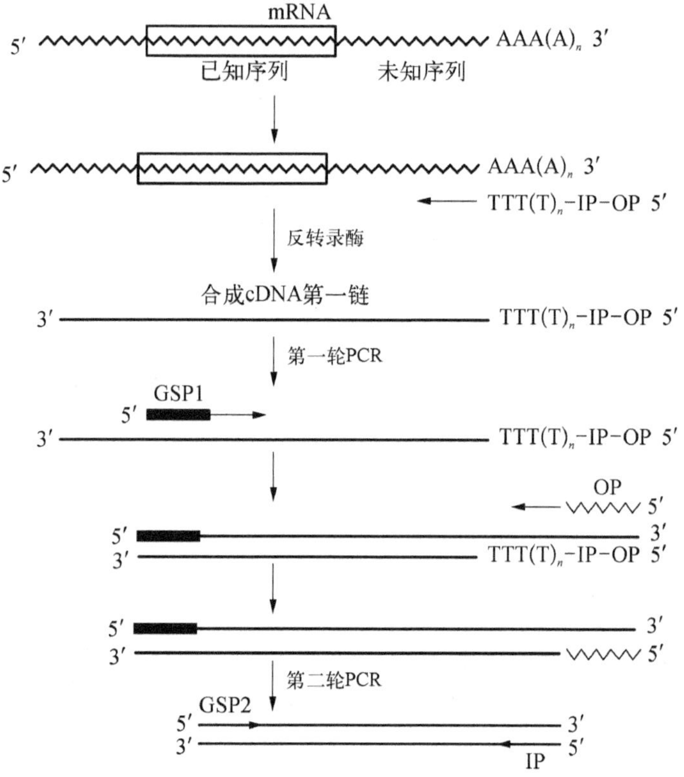


图 2-2　经典 3′RACE PCR 原理示意图
（引自刘志国，2011）

(2) 5′RACE

5′RACE 用于扩增目的 mRNA 已知序列上游 5′端的未知序列。由于 mRNA 的 5′端没有类似于 3′端的寡聚核苷酸尾巴，因此，需要设计一种能够将锚定引物（anchoring primer，AP）序列引入其 cDNA 的方法，然后通过类似 3′RACE 的巢式扩增以获得 5′端的未知序列。然而，这种经典的 5′RACE 在应用中有一些问题，在 RT 反应中，反转录酶持续性有限，并不能使所有的第一条 cDNA 到达 5′末端，而形成一些“假全长 cDNA”，但末端转移酶并不能识别真伪，对它们平等地加尾。这类“假全长 cDNA”最后得到的 5′端序列并非全部序列。为避免此问题，现在发展出了新型 5′RACE。在新型 5′RACE 中，锚定引物序列在反转录前就已经连接到了 mRNA 的 5′端，反转录时，只有进行到 mRNA 5′末端的反应的 mRNA 上引入的锚定引物序列才能被整合入 cDNA 第一链的 3′端，在其后的 PCR 扩增中，由于使用了锚定引物，也只有全长的 cDNA 才能被有效扩增（图 2-3）。

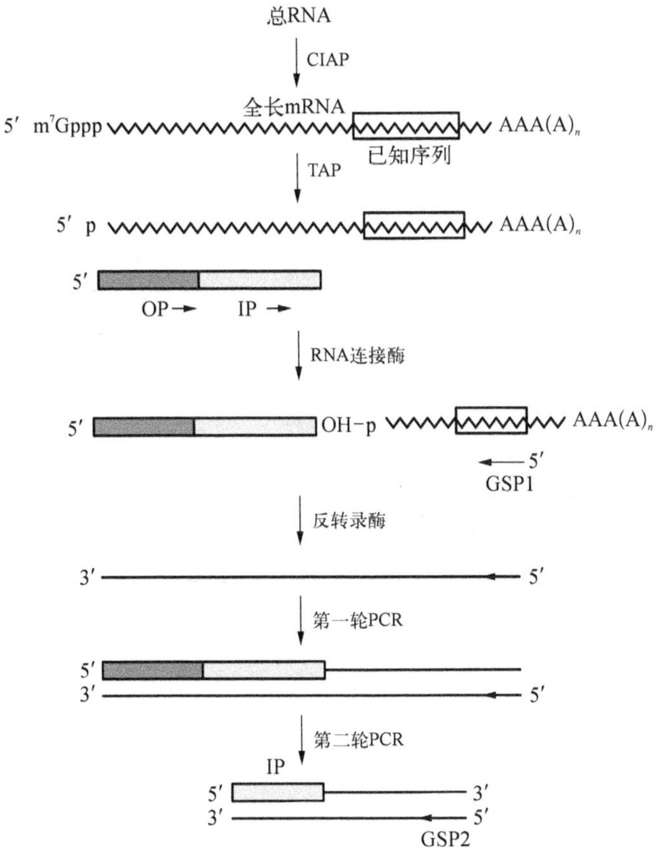


图 2-3　新型 5′RACE 原理示意图
(引自刘志国,2011)

## 三、利用差示分析法分离目的基因

### 1. 从 mRNA 差减文库中分离目的基因

mRNA 差别显示技术(mRNA differential display by PCR,DD-PCR)是在 PCR 基础上建立的一种分离、鉴定差别表达基因的简单、快捷且高效的方法,特别适于对不同的组织样品,或不同发育阶段的同一组织样品,或同一组织样品经不同药物处理诱导的样品,进行组织特异性表达的基因研究。

(1) 基本原理与操作流程

利用真核生物成熟 mRNA 的 3′poly(A)结构,用 Oligo T11 MN(M=A、C、G,N=A、G、C、T)作为锚定引物与 mRNA 的 poly(A)结合,在反转录酶的作用下将

mRNA 反转录为 cDNA，再以原 Oligo(dTMN)和 10 bp 随机引物组成的引物对在不同来源的 cDNA 进行 PCR 扩增，将相同引物对在不同来源 cDNA 中的 PCR 产物并排在聚丙烯酰胺凝胶上电泳分离，即可获得差异表达的条带(图 2－4)。

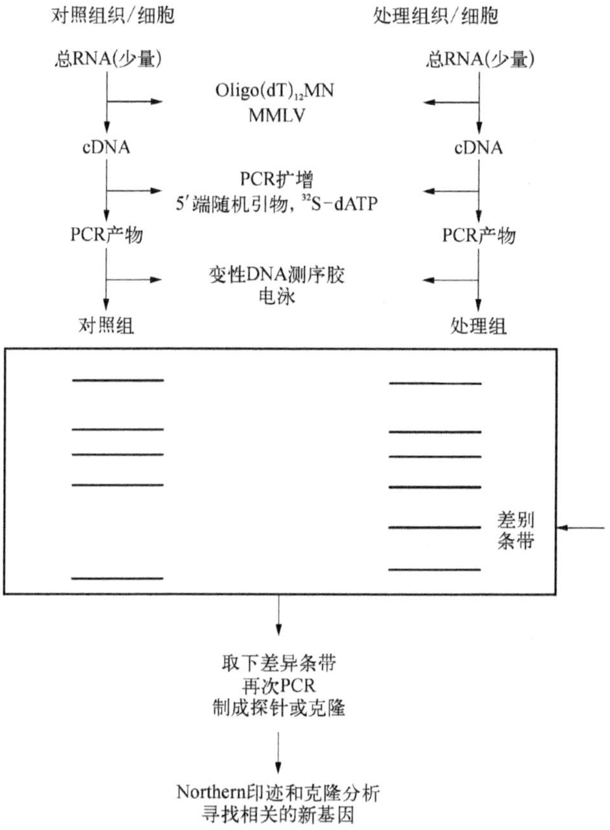


图 2－4 差别显示分析的基本流程
(引自龙敏南，2010)

(2) 技术优缺点

DD－PCR 技术优点如下：① 简单，技术上仅依靠 PCR 和 DNA 测序胶电泳；② 所得到的差别条带往往不止一条，通常包含某一基因的上游及下游调控基因；③ 灵敏度高，仅需 0.2 μg 总 RNA 作为起始材料，可检出低丰度 mRNA；④ 实验周期短，约 8 d 可完成，便于重复，且重复性好；⑤ 实验步步可得到验证；⑥ 可进行多基因家族的表达分析，可以同时分析多组样品。

然而，DD－PCR 技术也有不少缺点：① 假阳性率高，有时可达 50%～75%；② 对高丰度 mRNA 具有明显的倾向性；③ 由于序列的特异性，一些差异表达的转录不能得到分离；④ 差异显示所得的 cDNA 片段较短，长度多在 100～500 bp 之间，且大多位于

mRNA 的 3′端约 300 bp 的非翻译区(3′ UTR)，很少能扩增到 ORF(open reading frame)区和 5′ UTR 区；⑤ 不适合大范围的比较，要达到显示 96%以上的 mRNA 至少需要 240 对引物，要完全显示细胞中所有的 mRNA 种类，估计需要 300 对引物。

**2. 抑制性减法杂交技术**

抑制性减法杂交技术(suppression subtractive hybridization，SSH)是 1996 年 L. Diatchebko 在代表差异分析(representational differencial analysis，RDA)的基础上建立起来的一种差减杂交与 PCR 结合的快速分离差异基因的方法。该方法能有效克服 RDA 或 cDNA－RDA 技术难以解决的问题，如两者不能用于分离两组基因表达差异较小的基因，也不能用于研究存在上调表达的基因。

(1) 基本原理

SSH 的核心技术是抑制性 PCR(suppression PCR)，即利用链内退火优于链间退火的优点，使非目的基因片段两端反向重复序列在退火时产生类似发卡的互补结构，无法作为模板与引物配对，选择性地抑制了非目的基因片段的扩增，从而使目的基因得到富集、分离。在实验中，分别提取两种不同组织或细胞的 mRNA 作为实验组 T(tester)和驱动组 D(driver)，反转录为 cDNA；将 T 组和 D 组的双链 cDNA 分别用限制性内切酶酶切产生大小适当的平头 cDNA 片段；将 T 组 cDNA 酶切产物分成两份，分别接上接头(adaptor)1 或接头 2，接头是由一长链(40 nt)和一短链(10 nt)组成的、一端是平末端的双链 cDNA 分子。

(2) 实验步骤

SSH 的实验步骤如下：① 制备两种试验材料的 mRNA 并反转录成 cDNA，分别用来作为检测 cDNA(tester cDNA)和驱赶 cDNA(driver cDNA)，用限制性内切酶酶切，产生大小适当的平头末端 cDNA 片段；② 将 tester cDNA 分成均等的两份，各自接上两种接头，长链 3′端与 cDNA 5′端相连，长链外侧序列(约 20 nt)与第一次 PCR 引物序列相同，内侧序列则与第二次 PCR 引物序列相同，此外，接头含有 T7 启动子序列及内切酶识别位点(如 *Not* Ⅰ、*Sma* Ⅰ)，为以后将该片段插入克隆载体和测序提供便利；③ 第一次差减杂交，用过量的 driver cDNA 分别与上述两份 tester cDNA 混合，变性后杂交退火，产生 4 种产物：a 是单链 tester cDNA，b 是自身退火杂交的 tester cDNA 同源双链，c 是 tester cDNA 和 driver cDNA 的异源双链，d 是单链 driver cDNA，第一次杂交的目的是实现单链 tester cDNA 的均等化(normalization)，也就是使原来有丰度差别的单链 cDNA 的相对含量达到基本一致，由于 tester cDNA 中与 driver cDNA 序列相似的片段大都和 driver cDNA 形成异源双链分子(c)，tester cDNA 中的差异表达基因的目标 cDNA 得到大量富集，这是第一次杂交后的第二个目的；④ 第二次差减杂交，合并第一次杂交后的两份杂交产物，再与过量的 driver cDNA 进行变性、退火杂交，此时，只有第一次杂交后经丰度均等化和消减的单链 tester cDNA 和 driver cDNA 一起形成各种双链分子,这次杂交进一步富集了差异表达基因的 cDNA,并产生了一种新的双链分子(e),它的两个 5′端分别连接上了来自两个样本的不同接头;⑤ 第一次 PCR 反应,在上述产物中加入一对分别与接头 1、接头 2 外侧端 21 个核苷酸序列相同的引物作 PCR 扩增,这时只有两端是不同接头的双链 cDNA 分子(e)才能呈指数扩增,而两端连上相同接头的同一片断(b)由于末端保留了长反转重复序列,在变性退火过程中形成"锅柄样"结构而不能呈指数扩增。因此,最终的结果是 driver cDNA 与 tester cDNA 中的相同部分得到抑制,而在 driver cDNA 中缺乏但却存在于 tester cDNA 的序列,即差异表达 cDNA 序列得到显著的扩增;⑥ 第二次 PCR 反应,选用一对分别与结构内侧端序列相同的引物进行第二次 PCR,基于 PCR 抑制效应的存在,可以特异性扩增代表了差别表达的 cDNA 片段;⑦ 差异片段的初步筛选,经

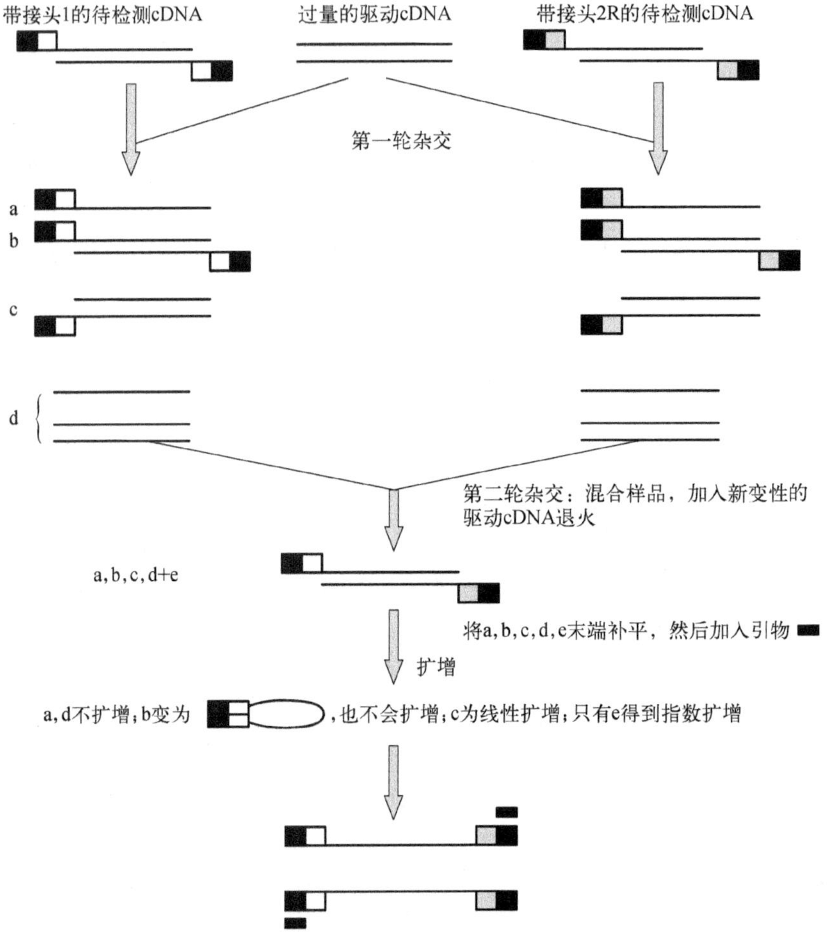


图 2-5　SSH 技术的基本流程

上述 PCR 所得的代表差别表达的 cDNA 片段可以利用接头上存在的酶切位点，插入适当载体中，转化细菌，经 X－Gal 蓝白斑初步筛选出具有插入的克隆，再经探针杂交找出具有差别表达的 cDNA 片段，然后对这些 cDNA 片段进行序列测定、序列同源性分析等系列工作，克隆、鉴定完整基因(图 2－5)。

(3) 优缺点

SSH 技术的优点表现在：① SSH 技术最大的优点是假阳性率低，由于采用两次消减杂交和两次 PCR，保证了该方法具有较高的特异性；② 高敏感性，在杂交过程中可使用不同丰度基因均衡化，获得低丰度差异表达基因；③ 速度快、效率高，一次 SSH 反应可以同时分离几十或成百个差异表达基因；④ 实验结果复杂程度低，SSH 技术由于采用了接头、差减杂交及两轮抑制性 PCR 扩增，可大量特异扩增那些代表了差异表达的 cDNA 片段，因而减少了结果的复杂性。

不过，SSH 技术也有缺点：① 每次只能比较两种样品之间的基因表达差异；② SSH 依赖较高的 Rsa Ⅰ 消化效率和接头连接效率，否则不带结构的 tester cDNA 的杂交方式将和 driver cDNA 相同，导致一些差异表达的 cDNA 得不到富集而丢失，同样，如果两组 tester cDNA 与接头的连接效率不同，也将丢失一些差异表达的 cDNA，有时会产生嵌合 cDNA(概率为 2%)；③ 起始材料需要微克级量的 mRNA，SSH 差减克隆片段较小，获取 cDNA 全长序列有一定难度；④ SSH 技术中所研究的材料的差异不宜太大，最好只有细微差别。

## 第三节　基 因 重 组

基因重组是指将目的基因(外源 DNA 片段)用 DNA 连接酶在体外连接到合适的载体 DNA 上的技术。基因重组涉及目的基因的剪切与修饰，载体的选择、构建，目的基因与载体的连接与筛选鉴定等过程。本节主要介绍与目的基因的剪切与修饰有关的酶。

### 一、基因重组的工具酶

#### 1. 限制性内切酶

限制性内切酶(restriction endonuclease)是一种核酸水解酶，能专一性地识别双链 DNA 上的特殊核苷酸序列，并在识别序列内部或两侧特异切割双链 DNA 分子，在重组基因操作实验中被形象比喻为“基因工程手术刀”。

(1) 限制性内切酶的命名与类型

此酶 20 世纪 60 年代发现于大肠杆菌中，至今已有大量的限制性内切酶被发现。为避免混乱，需要一个统一的命名规则。当前该酶的命名方式是遵照 H. O. Smith 和 D. Nathans 于 1973 年提议的命名系统，命名原则如下：

1) 用具有某种限制性内切酶有机体属名的第一字母（大写）和种名的前两个字母（小写）组成酶的基本名称。如大肠杆菌（*Escherichia coli*）用 *Eco* 表示，流感嗜血菌（*Haemophilus influenzae*）用 *Hin* 表示。

2) 用一个写在右方的字母代表菌株或型，例如 *Eco*K。如果限制与修饰体系在遗传上是由病毒或质粒引起的，则在缩写的宿主菌的种名右方附加一个标注字母，表示这是染色体外的成分。

3) 如果一种特殊菌株中具有几个不同的限制修饰体系，则以罗马数字表示在该菌株中发现某种酶的先后次序。例如，流感嗜血菌 Rd 菌株的几个限制与修饰体系分别表示为 *Hin*d Ⅰ，*Hin*d Ⅱ，*Hin*d Ⅲ 等，*Hin*d Ⅲ 是在 *Haemophilus influenzae* 的 d 菌株中发现的第三个酶；*Eco*R Ⅰ表示在 *Escherichia coli* 中抗药性 R 质粒上发现的第一个酶。

4) 有的限制酶，除了以上名称外，前面还冠以系统名称。限制性核酸内切酶的系统名称为 R，甲基化酶为 M。例如 R. *Hin*d Ⅲ表示限制性核酸内切酶，相应的甲基化酶用 M. *Hin*d Ⅲ表示，在实际应用中，限制性内切酶的系统名称 R 常被省略。

目前已经鉴定出三种不同类型的限制性核酸内切酶。Ⅰ型酶具有核酸内切酶、甲基化酶、ATP 酶和 DNA 解旋酶 4 种活性，其切割作用是随机的，一般在距离识别位点上千碱基对以外的随机位置上切割，不产生特异片段。Ⅱ型酶如 *Hin*d Ⅱ，在 $Mg^{2+}$ 存在下，可识别双链 DNA 分子上的特性序列，并且切割位点与识别位点重叠或靠近，产生具有一定长度的 DNA 片段，因此在基因克隆中广泛使用。Ⅲ型酶是由两个亚基组成的蛋白质复合物，具有限制与修饰双重作用，其中 M 亚基负责位点的识别与修饰，R 亚基具有核酸酶活性，酶的切割作用需要 ATP、$Mg^{2+}$ 和 S-腺苷甲硫氨酸等辅助因子。切割位点在识别序列一侧的若干碱基处无序列特异性，只与识别位点的距离有关，而且不同酶的这一距离不同，在基因克隆中很少使用Ⅲ型限制性核酸内切酶。三种酶的差异见表 2-2。

**表 2-2 三种限制性内切酶的特点比较**

| 特性 | Ⅰ型 | Ⅱ型 | Ⅲ型 |
|---|---|---|---|
| 限制修饰活性 | 双功能酶 | 核酸内切酶和甲基转移酶分开 | 双功能酶 |
| 分子结构 | 三种不同亚基 | 单一亚基 | 两种不同亚基 |
| 辅助因子 | ATP、$Mg^{2+}$、S-腺苷甲硫氨酸 | $Mg^{2+}$ | ATP、$Mg^{2+}$、S-腺苷甲硫氨酸 |

续　表

| 特　性 | Ⅰ　型 | Ⅱ　型 | Ⅲ　型 |
|---|---|---|---|
| 切割位点 | 在距离识别位点 1kb 处随机切割 | 识别位置上 | 距识别位点 24～26 bp 处 |
| 甲基化位点 | 寄主特异性位点 | 寄主特异性位点 | 寄主特异性位点 |
| 特异性识别位点 | 非对称序列 | 回文对称序列 | 非对称序列 |
| 序列特异性切割 | 否 | 是 | 是 |
| 识别未甲基化序列并切割 | 能 | 能 | 能 |
| 分子克隆中应用 | 无用 | 十分有用 | 很少采用 |

(2) Ⅱ型限制性内切酶的作用特性

1) 识别并切割特异核苷酸序列　　一般，Ⅱ型限制性内切酶能够识别 4～8 个核苷酸的特性序列，最常见的是 6 个碱基。这些序列不仅是核酸内切酶的识别序列，也是酶的切割位点。切割位点在限制性内切酶的作用下发生水解，导致 DNA 分子的断裂。每一种Ⅱ型限制性内切酶能够识别不同的 DNA 分子上的相同位点并切割。不同的酶不仅识别序列不一样，而且识别的碱基数也不同。

2) 识别序列都是回文结构　　Ⅱ型限制性内切酶识别的序列呈回文结构，即在识别序列中可以找到一条对称轴，轴两侧序列是对称互补配对的，而且两条互补链 5′到 3′序列相同，将一条链旋转 180°后可与另条链重叠。但应该注意要从两个方向来读，即上链从左到右（5′到 3′），下链从右到左（5′到 3′）。例如 *Hind* Ⅲ与 *Bam*H Ⅰ的识别序列分别为：

5′…AAGCTT…3′　　5′…GGATCC…3′
3′…TTCGAA…5′　　3′…CCTAGG…5′

3) 酶切位点在识别序列内侧或两侧　　通常，Ⅱ型限制性内切酶的切割位点在识别序列的内部，如：

*Hind* Ⅲ：5′…A↓AGCTT…3′

*Sma* Ⅰ：5′…CCC↓GGG…3′

*Pst* Ⅰ：5′…CTGCA↓G…3′

（↓表示切割位点）

少数Ⅱ型限制性内切酶的切割位点在识别序列的两侧，如：

*Sau* 3A Ⅰ：5′…↓GATC…3′

*Nla* Ⅲ：5′…CATG↓…3′

*Eco*R Ⅱ：5′…↓CCAGG…3′

（↓表示切割位点）

从上面的切割结果可以看出，切割位点的不同，酶切片段产生两种末端：即错切产生的单链末端突出的黏性末端和平切产生的平头末端。

平头末端如下所示：

$$\begin{matrix} 5'\cdots CCC\downarrow GGG\cdots 3' \\ 3'\cdots GGG\downarrow CCC\cdots 5' \end{matrix} \xrightarrow{\textit{Sma}\ \mathrm{I}} \begin{matrix} 5'\cdots CCC\quad GGG\cdots 3' \\ 3'\cdots GGG\quad CCC\cdots 5' \end{matrix}$$

黏性末端如下所示：

$$\begin{matrix} 5'\cdots G\downarrow AATTC\cdots 3' \\ 3'\cdots CTTAA\downarrow G\cdots 5' \end{matrix} \xrightarrow{\textit{Eco}\mathrm{R\ I}} \begin{matrix} 5'\cdots G\quad AATTC\cdots 3' \\ 3'\cdots CTTAA\quad G\cdots 5' \end{matrix}$$

**2. 其他工具酶**

(1) DNA 连接酶

DNA 连接酶(DNA ligase)是能催化双链 DNA 片段靠在一起的 3′羟基末端与 5′端磷酸基团末端之间形成磷酸二酯键，使两末端连接的一种核酸酶。常用的连接酶有 *E. coli* DNA 连接酶、噬菌体 T4 DNA 连接酶。

*E. coli* DNA 连接酶是一条分子质量为 75 kD 的多肽链，连接活性需要烟酰胺-腺嘌呤二核苷酸($NAD^+$)参与，平末端连接效率低。T4 连接酶分子质量为 $68\times10^3$ kD，可催化 DNA - DNA、DNA - RNA、RNA - RNA 和双链 DNA 黏性末端或平头末端之间的连接反应，37 ℃时连接反应较好，其活性可被 0.2 mol/L 的 KCl 和精胺所抑制。T4 连接酶与 *E. coli* DNA 连接酶相比，在基因工程中应用更广泛，具体表现在：① 能修复双链 DNA 上的单链缺口；② 能连接 RNA - DNA 杂交双链上的 DNA 链缺口或 RNA 链缺口，反应速度较快；③ 能连接两个平末端双链 DNA 分子。

(2) DNA 聚合酶

DNA 聚合酶(DNA polymerase)能催化 DNA 的合成，常用的 DNA 聚合酶有两类：① 依赖于 DNA 的 DNA 聚合酶，包括大肠杆菌 DNA 聚合酶Ⅰ(全酶)、大肠杆菌 DNA 聚合酶Ⅰ大片段(Klenow)、T4 噬菌体和 T7 噬菌体编码的 DNA 聚合酶、经修饰的 T7 噬菌体 DNA 聚合酶(测序酶)和耐热的 DNA 聚合酶；② 依赖于 RNA 的 DNA 聚合酶——反转录酶。

大肠杆菌中含有三种 DNA 聚合酶，被命名为Ⅰ、Ⅱ、Ⅲ型。其中，Ⅰ型在基因工程操作中最为常用，其活性有：① 5′到 3′DNA 聚合酶活性；② 3′到 5′外切核酸酶活性；③ 5′到 3′外切核酸酶活性。主要用途包括：① 用切口平移方法标记 DNA(可作杂交探针)；② 利用 5′到 3′外切核酸酶活性降解寡核苷酸作为合成 cDNA 第二条链的引物；③ 用于对 DNA 分子的 3′突出尾进行末端标记，用于 DNA 序列分析。

## 二、基因的连接

### 1. 黏性末端的连接

(1) 互补黏性末端的连接

具有互补的黏性末端的 DNA 片段最容易连接，也是 DNA 重组中最常见的一种情况。在基因工程操作中，待连接片段 DNA 如果是由同一种限制性内切酶切割的，连接后仍然保留原酶的识别序列；如果是由两种同尾酶切割的，不影响连接反应，但重组 DNA 分子将失去那两个切割酶的识别序列(图 2-6)。

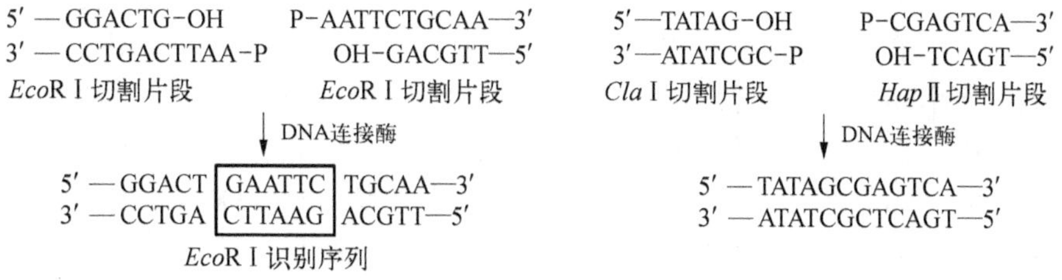


图 2-6　互补黏性末端片段之间的连接
(引自龙敏南，2010)

酶处理外源基因与载体后，当二者加入到连接酶体系中时，载体和插入片段很自然地按照碱基配对关系退火，互补的碱基以氢键相结合。在 T4 连接酶的作用下，载体和外源 DNA 片段相结合处的裂口会以磷酸二酯键相连接，形成重组 DNA 分子。

(2) 非互补黏性末端的连接

若 DNA 分子的黏性末端非互补，则二者无法直接连接。此时，需要将二者变成平末端后再进行连接。不过，这种改变会产生如下影响：① 使重组 DNA 分子增加或减少几个碱基对；② 破坏原有的酶切位点，导致已重组的 DNA 片段无法回收；③ 如果连接位点在基因编码区，那么连接后会改变阅读框，使相关基因无法正确表达。因此，非互补黏性末端 DNA 片段的连接要根据具体情况选择不同的连接方法。

1) 待连接的 DNA 片段都有 5′单链突出末端　　可在连接反应前使用 S1 核酸酶将二者 5′单链突出末端切除，或者使用 Klenow 酶补平(Klenow 只具有补平 5′端的能力，不具有补平 3′端的能力)，然后对两平末端进行连接。前一种方法产生的重组 DNA 会缺失几个碱基对，而后一种重组 DNA 较连接前没有发生碱基对的变化。实验中多采用 Klenow 酶补平法，因为 S1 核酸酶若是反应条件不合适，容易造成双链 DNA 的降解。

2) 待连接的 DNA 片段都有 3′单链突出末端　　可使用 T4 DNA 聚合酶将二

者 3′单链突出末端切除，然后将产生的平末端相连。这种方法产生的重组 DNA 较连接前会减少几对碱基。

3）一种待连接的 DNA 片段具有 3′单链突出末端，另一种具有 5′单链突出末端　可以使用 Klenow 酶补平 5′单链的突出末端，同时用 T4 DNA 聚合酶切除 3′单链突出末端，然后将产生的平末端相连。

4）待连接的两种 DNA 片段均含有不同的两个黏性末端　可以首先用 Klenow 酶补平 DNA 片段的 5′单链突出末端，再用 T4 DNA 聚合酶切除其 3′单链突出末端。两种 DNA 片段可混合在一起，同时处理。

### 2. 平末端的连接

有的限制性内切酶切割 DNA 分子后会产生平末端，可用 T4 连接酶直接催化连接。由于一个平末端的 3′羟基或 5′磷酸基团与另一平末端的 5′磷酸基团或 3′羟基同时相遇的概率较低，相对于黏性末端连接，平末端连接反应效率较低，反应更复杂，速度更慢。在连接反应时，如果平末端 DNA 片段是由同一个限制性内切酶切割产生的，则重组 DNA 分子仍然保留这一酶的切割识别序列；如果平末端 DNA 片段是由不同限制性内切酶切割产生，则重组 DNA 分子将失去这两种酶的切割识别序列（图 2－7）。

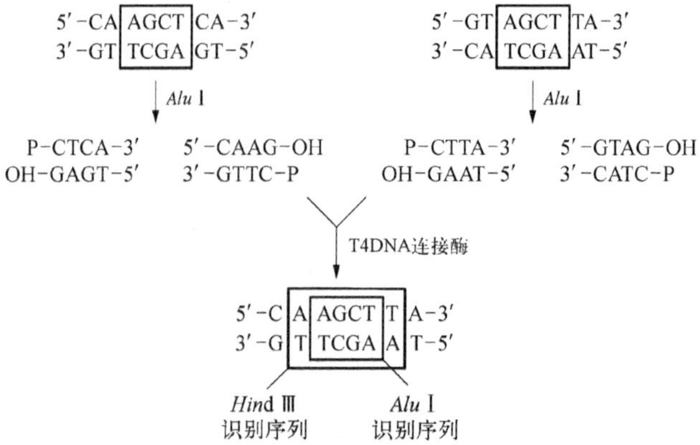


图 2－7　平末端 DNA 片段之间的连接
（引自龙敏南，2010）

### 3. 末端修饰后连接

待连接的两个 DNA 片段经不同限制性内切酶切割后，产生的末端有可能并非黏性末端，也非平末端，从而无法进行连接。此时，就需要对两个末端或一个末端进行修饰。修饰的方式主要是将黏性末端补齐成平末端，或者将平末端修饰成互补黏性末端。例如，有一种同聚物加尾的方法，就是利用末端转移酶的活性将单一的脱氧核苷酸连续添加到 DNA 链的 3′- OH 上，生成某一脱氧核苷酸的同聚物尾巴从而形成同聚物黏性末端(图 2-8)。

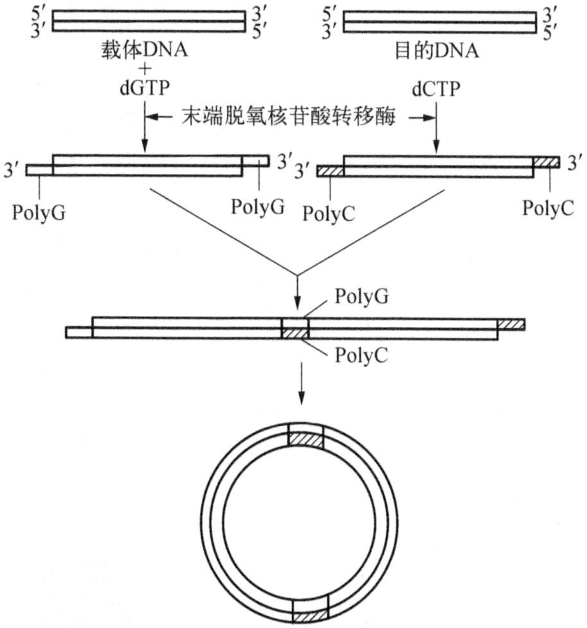


图 2-8　同聚物加尾连接示意图

# 第四节　基因工程载体

载体(vector)是将外源 DNA 或基因携带入宿主细胞进行扩增或表达的工具。载体按功能可分克隆载体和表达载体两类。克隆载体是最基本的载体，一般具有以下特征：① 具有复制起点，在宿主细胞内能独立复制；② 具有一个或多个特殊的遗传性标记，用于对导入重组体的筛选和鉴定；③ 具有限制性内切酶的识别位点；④ 有较高的拷贝数，表达载体除具备克隆载体的基本元件外，还具有转录、翻译所必需的 DNA 元件，使外源基因在宿主细胞内有效地表达。

## 一、克隆载体

### 1. 质粒载体

(1) 质粒载体的基本特性

1) 分子特性　　质粒(plasmid)是存在于细胞质中的一类独立于染色体外

的能自我复制的小型 DNA 分子。质粒广泛存在于细菌中，也存在于霉菌、蓝藻、酵母和少数动植物细胞中，甚至线粒体中也发现有质粒存在。除了酵母的杀伤质粒(killer plasmid)是一种 RNA 分子外，其他质粒都是 DNA 分子。质粒的大小从 1 kb 到 200 kb 以上不等，多数在 10 kb 左右，占细菌总 DNA 的 0.5%～3%。

质粒 DNA 分子具有 3 种不同的构型：① 共价闭合环状 DNA(covalently closed circle DNA，cccDNA)，其两条多核苷酸链均保持完整的环状结构，这样的 DNA 通常呈超螺旋构型(supercolied DNA，scDNA)；② 开环 DNA(open circle DNA，ocDNA)，其两条多核苷酸链只有一条保持完整的环状结构，另一条链出现一至数个切口，即 OC 构型；③ 线性 DNA(liner DNA，lDNA)，闭合环状 DNA 分子双链断裂成为线性 DNA 分子，即 L 构型。

在体内，质粒 DNA 是以负超螺旋构型存在的。在琼脂糖凝胶电泳中，走在最前沿的是 scDNA，其次依次是 lDNA 和 ocDNA(图 2-9)。

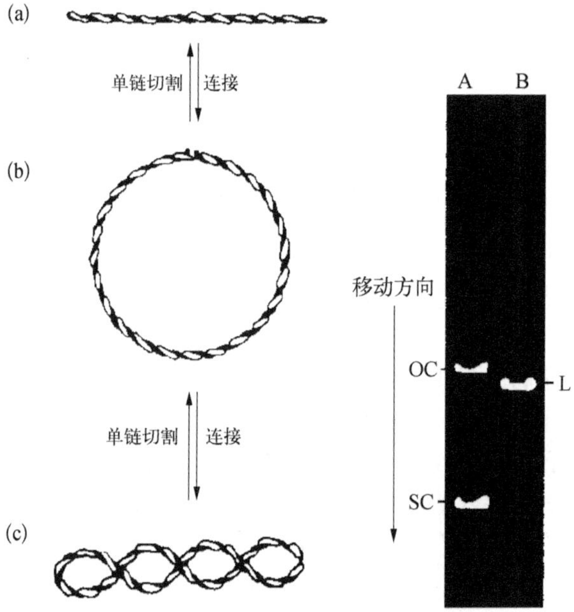


图 2-9　质粒的分子构型及其琼脂电泳

2) 复制特性　　不同质粒在宿主细胞内的拷贝数是不同的，根据质粒在宿主细胞中拷贝数的多少，可将质粒分为两种复制类型：严紧型和松弛型。严紧型质粒在宿主细胞中的拷贝数较少，一般只有 1～3 个拷贝，其复制受宿主染色体 DNA 复制的严格控制。而松弛型质粒的复制受宿主的控制比较松，在宿主细胞中质粒拷贝数较多，一般有 10～200 个拷贝，有时可达 700 个拷贝。因此，通常选用松弛型质粒作为基因工程载体，以期获得高产的重组质粒。

3）不相容性　　两个不同的质粒不能共存于同一个宿主细胞中的现象称为质粒的不相容性(incompatibility)，如若共存则称为相容性。亲缘关系密切的不同质粒一般属于不相容质粒。如野生型质粒及其衍生的重组质粒往往属于不相容质粒，因二者具有相同的复制系统，当共处一个宿主细胞时，它们在复制的过程中会彼此干扰、相互竞争，微小的差异最终被放大，从而导致细胞中仅有一个质粒存在。

4）转移性　　质粒的转移性是指质粒从一个细胞转移到另一个细胞的特性。质粒的转移性与质粒本身有关，也决定于宿主菌的基因型。具有转移性的质粒带有一套与转移有关的基因，如移动基因*mob*、转移基因*tra*、顺式作用元件*bom*及其内部的转移缺口位点*nic*。依据质粒是否携带控制细菌配对和质粒结合转移的基因，可将其分为结合型(conjugative)与非结合型(nonconjugative)两种。结合型质粒又称自我转移质粒，如 F 因子，其相对分子质量一般都较大，拷贝数比较少，除了携带自主复制所必需的遗传信息外，还带有一套控制细菌配对和质粒结合转移的基因，因此能从一个细胞自我转移到另一个细胞中，它们多属严紧型质粒。这类质粒不仅能够从一个细胞转移到另一个细胞，而且还能够转移染色体，因此在基因工程操作中不安全，很少使用。非结合型质粒又叫不能自我转移质粒，如 ColE1，其相对分子质量较小、拷贝数多，虽然携带自主复制所必需的遗传信息，但不携带控制细菌配对和质粒结合转移的基因，因此不能从一个细胞自我转移到另一个细胞中，这类质粒在基因工程操作中广泛使用。

（2）理想质粒载体的必备条件

一般没有经过体外修饰改造的质粒称为天然质粒，如 pSC101、ColE1 等。通常，天然质粒因拷贝数少、选择性标记少、相对分子质量大、克隆位点数目少等原因而影响了实际的使用效果。一个理想的质粒载体一般具备如下条件：① 具有较小的相对分子质量和较高的拷贝数；② 具有多个单一的限制性核酸内切酶的酶切位点，基因工程中所使用的载体一般有一个多克隆位点(multiple cloning site, MCS)，即指载体上含有人工合成的含有紧密排列的多种限制性核酸内切酶的酶切位点的 DNA 片段，它提供了各种各样可单独或联合使用的克隆靶位点，以便克隆由多种限制性核酸内切酶中任意一种或几种酶切后产生的 DNA 片段；③ 具有两种以上的选择性标记基因；④ 具有安全性，缺失*mob*基因后质粒就不会从一个细胞转移到另一个细胞中，减少了基因工程体外扩散的危险性。

（3）常用的质粒载体

目前常用的克隆载体有 pBR322、pUC 及其派生质粒载体。其中，pBR322 质粒是人工构建的、符合理想载体条件的、得到广泛应用的质粒。其优点包括：① 质粒长度为 4 361 bp，环状双链 DNA 分子，相对分子质量较小，可以克隆大到 6 kb 的外源 DNA 片段；② 有两个抗药性筛选标记，一个是四环素抗性基因($Tet^r$)，一个是氨苄青霉素抗性基因(Amp$^r$)；③ 具有多种限制性核酸内切酶的单一酶切位点，如位于 Tet$^r$ 中的 *Bam*H Ⅰ、*Sph* Ⅰ的酶切位点，位于 Amp$^r$ 中的 *Pst* Ⅰ、*Sca* Ⅰ的酶切位点；④ 具有较高的拷贝数，经过氯霉素扩增后，每个细胞可积累 1 000～3 000个拷贝，为重组 DNA 制备提供方便(图 2－10)。

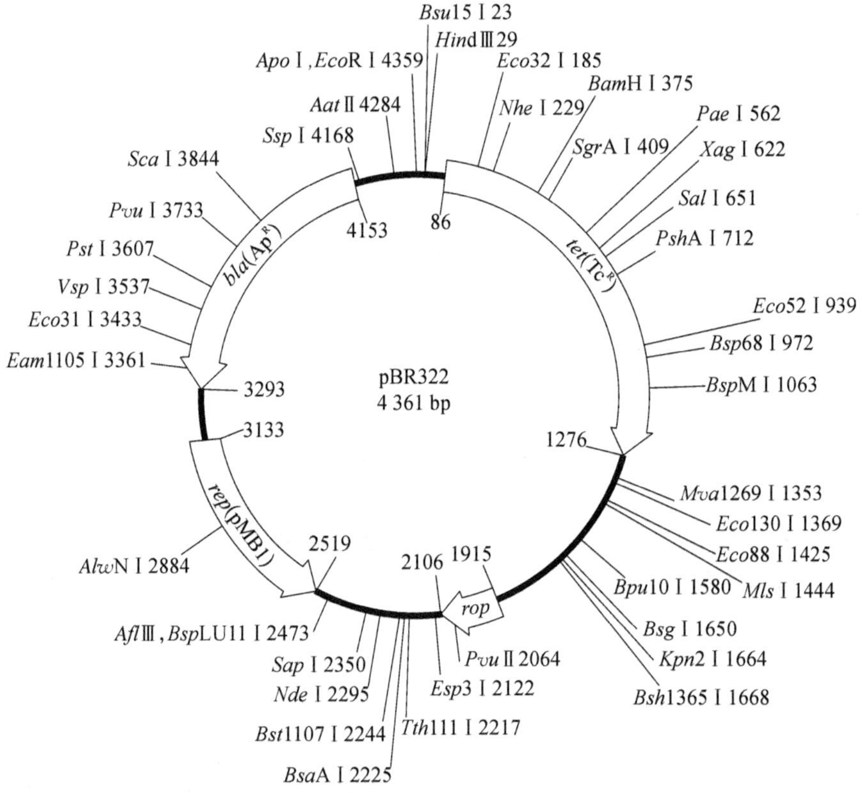


图 2－10 pBR322 质粒的结构

**2. λ 噬菌体载体**

(1) λ 噬菌体的生物学特征

λ 噬菌体是最早使用的克隆载体之一。λ 噬菌体基因组是一条线性双链 DNA(λ DNA)分子，大小为 48 502 bp，在其两端的 5′端各有一个长 12 bp (5′GGGCGGCGACCT3′)的互补单链，称为黏性末端。当 λ 噬菌体进入宿主细胞后，其黏性末端能够通过碱基互补作用，形成双链环状 DNA 分子，黏性末端结合形成的双链区段称为 *cos* 位点(cohesive end site)。*cos* 位点是包装蛋白的识别位点，包装蛋白识别 λ DNA的 *cos* 位点，将 λ DNA 包装后，在 *cos* 位点切开，λ DNA 又呈线性(图2－11)。

λ 噬菌体基因组至少含 61 个基因，依据功能的不同，λ DNA 可分为 3 个区域：

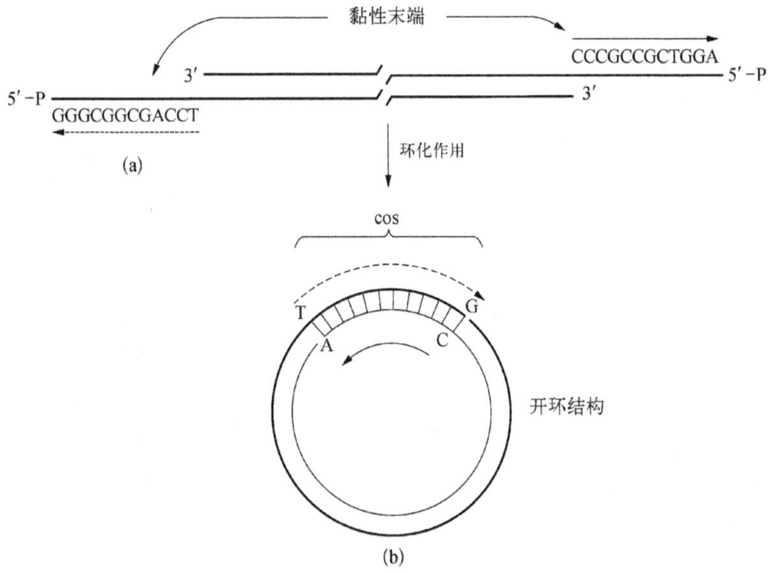


图 2-11 λ 噬菌体 DNA 分子的 *cos* 位点

(a) 具有互补单链末端(黏性末端)的 λ DNA 分子。注意在 12 个碱基中,有 10 个是 G 或者 C,仅有 2 个是 A 或者 T;(b) 通过黏粒末端之间的碱基配对作用实现线性分子的环化作用,由此形成的双链区称为 *cos* 位点

① 左侧区,自基因 A 到基因 J,包含外壳蛋白的全部编码基因;② 中间区,介于基因 J 与基因 N 之间,这个区又称非必需区,与噬菌斑形成无关,被外源 DNA 片段取代后,并不影响噬菌体的生命活动,中间区包含一些与重组有关的基因,以及使噬菌体整合到染色体的 *int* 基因和把原噬菌体从寄主染色体删除下来的 *xis* 基因;③ 右侧区,位于 N 基因的右侧,包含全部的主要调节基因及复制基因(O、P)和裂解基因(S、R)(图 2-12)。

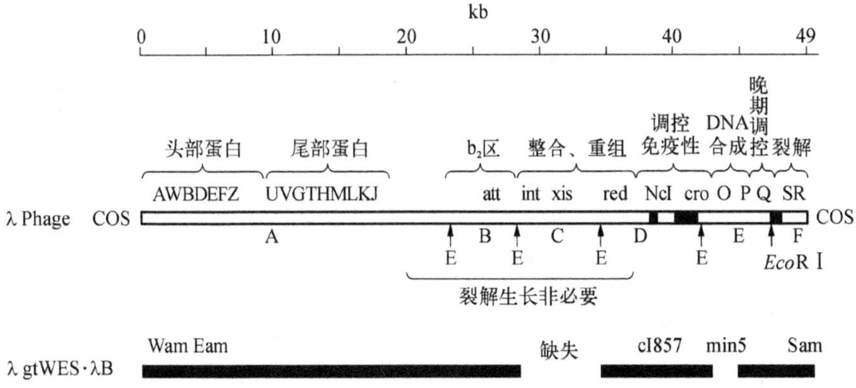


图 2-12 野生型 λ 噬菌体 DNA 及 λgtWES·λB 噬菌体载体的构建

(2) λ噬菌体载体的构建

野生型的λ噬菌体的基因组结构大而复杂，其上有许多限制性内切酶酶切位点(如 5 个 *Bam*H Ⅰ位点、6 个 *Bgl* Ⅱ位点和 5 个 *Eco*R Ⅰ位点等)，有些酶切位点在λ噬菌体增殖所必需的基因区域内。另外，λ噬菌体只能接纳一定长度的 DNA 分子。因此，野生型的λ噬菌体并不适于直接作基因克隆的载体，必须对其进行改造，包括：① 切除λ DNA 的非必需片段，扩充λ噬菌体载体的克隆容量，改造后的λ噬菌体载体可插入长为 5～20 kb 的外源 DNA 片段，且不影响其感染力，比质粒载体有更大的容量；② 除去λ DNA 必需区段中的限制性核酸内切酶识别位点，在非必需区引入核实的限制性核酸内切酶位点；③ 引入适当的选择性标记以方便重组子的筛选，λ噬菌体的选择性标记不同于质粒的抗性基因标记，而是利用λ噬菌体的生物学特性做选择标记，如 *cI* 基因失活、*Spi* 筛选、*lacZ* 基因失活等；④ 通过在某些必需基因中引入无义突变使之成为安全载体，以利于生物学防护。

通过改造λ噬菌体，人们发展了许多不同用途的噬菌体载体：一种类型为只具有一个限制性酶切位点，可供外源 DNA 插入的λ噬菌体派生载体，称为插入型载体，如 λgt100、λgt11、λBV2、λNM540、λNM590、λNM607 等；一种类型为具有两个限制性酶切位点，它们之间的 DNA 区段可被外源 DNA 片段取代，这类λ噬菌体派生载体称为取代型载体(或称置换型载体)，如 Charon4、Charon10、Charon35、λgtWES、λEMBL3 等。

### 3. 黏粒载体

黏粒载体(cosmid vector)也称柯斯质粒载体，是一类人工构建的含有 λDNA 的 cos 序列和质粒复制子的特殊类型的载体。借用 cos -(黏性尾巴)作字头、质粒- mid 作字尾，故称 cosmid。柯斯质粒比λ噬菌体具有更大的克隆能力，在真核基因的克隆中起到巨大的作用。黏性载体具有 4 个特点：① 具有λ噬菌体的体外包装、高效感染等特性；② 具有质粒载体的易于克隆操作、选择及高拷贝等特性；③ 具有高容量的克隆能力；④ 能与有同源序列的质粒重组(图 2-13)。

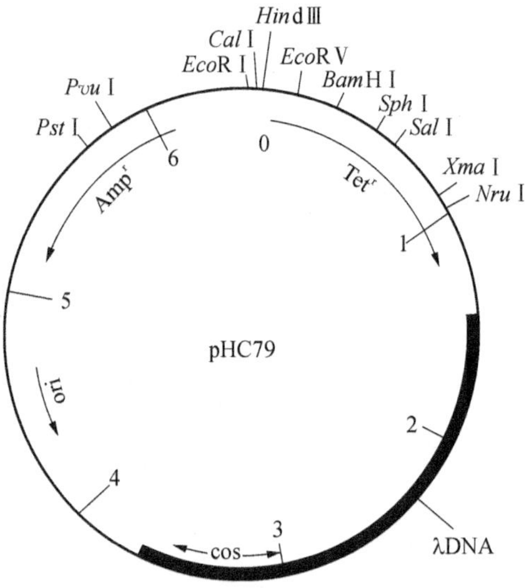


图 2-13 柯斯质粒载体 pHC79 的结构图

**4. 人工微小染色体**

由于许多真核基因过于庞大，特别是人类基因组计划、水稻基因组计划需要能克隆更长 DNA 片段的载体，于是人工染色体（artificial chromosome）应运而生。人工染色体是利用真核生物染色体或原核生物基因组的功能元件构建的能克隆大于 50 kb DNA 片段的人工载体。常见的人工染色体有酵母人工染色体（YAC）、细菌人工染色体（BAC）、哺乳动物人工染色体（MAC）等。其中，酵母人工染色体是目前能克隆最大 DNA 片段的载体，可插入 100～2 000 kb 的外源 DNA 片段。YAC 由酵母的自主复制序列（autonomously replicating sequence，ARS）、着丝粒序列（centromere，CEN）、四膜虫的端粒（telomere，TEL）以及酵母选择性标记组成的能自我复制的酵母线性克隆载体。自主复制序列即染色体上 DNA 复制的起始位点；着丝粒主管染色体在细胞分裂过程中正确地分配到各子细胞中；端粒位于染色体末端，对于染色体的稳定及端粒复制具有重要意义。首先构建两臂，左臂含端粒、酵母筛选标记 TRP1、自主复制序列 ARS 和着丝粒，右臂含有酵母筛选标记 Ura3 和端粒，然后在两臂之间插入 DNA 大片段，从而构建成酵母人工染色体。YAC 虽然可容纳较长的 DNA 片段，但是用其克隆外源基因易出现嵌合体和不稳定现象，而且 YAC 克隆不容易与酵母自身染色体（15 Mb）相分离。

## 二、表达载体

在基因工程操作中，通过克隆获取外源目的基因只是一方面的工作，获取该基因的编码蛋白则是另外一方面的工作。研究克隆基因所编码的蛋白质，不仅能探索基因的功能和表达调控机理，而且通过对蛋白质结构和功能的阐述，加强蛋白质在医药、食品卫生、疾病防治等领域的实践应用。要得到编码蛋白，就需要使外源基因能在宿主细胞中表达，将它放入带有基因表达所需要的各种调控元件的载体中，这种载体就称为表达载体（expression vector）。依据表达所用的受体细胞，表达载体可分为原核细胞表达载体和真核细胞表达载体。

**1. 原核表达载体**

在克隆载体的基础上，表达载体的构成特别强调与表达强弱相关的构成元件如启动子、SD 序列、终止子等。鉴于人们对大肠杆菌的特性和遗传背景了解得最清楚，因此，大肠杆菌是当前应用最广泛的蛋白质原核表达系统。

（1）大肠杆菌表达载体的结构与调控

以大肠杆菌为代表的原核启动子、SD 序列、终止子等调控元件与调控序列可查阅相关分子生物学资料，此处不作详细介绍。原核表达系统的启动子有强启动子和弱启动子之分。启动子序列与保守序列越接近，启动子越强。强启动子转录效率高，弱启动子则相对较低。构建表达载体时一般选用强启动子以获得更多的基因产物。在原核表达载体中，通常使用的强启动子有 *lac*（乳糖启动子）、*trp*（色氨酸启动子）、$P_L$ 和 $P_R$（λ 噬菌体的左向和右向启动子）以及 *tac*（乳糖和色氨酸的杂合启动子）等（表 2-3）。

**表 2-3 原核表达载体所用的启动子类型与结构组成**（引自袁婺州，2010）

| 启　动　子 | −35 区序列 | −10 区序列 |
|---|---|---|
| *PλL* | TTGACA | GATACT |
| *PrecA* | TTGATA | TATAAT |
| *PtraA* | TAGACA | TAATGA |
| *Ptrp* | TTGACA | TTAACT |
| *Plac* | TTTACA | TATAAT |
| *Ptac* | TTGACA | TATAAT |

（2）大肠杆菌融合蛋白表达系统

融合表达是指将外源基因与载体编码的高表达蛋白（担体蛋白）的编码基因拼接在一起，成为一个新的开放阅读框进行表达。通常，载体的担体蛋白位于新的开放阅读框的 N 端，目的蛋白位于 C 端。

融合表达载体是应用最广泛的一种载体，融合表达载体上的担体蛋白也称为标签蛋白或标签多肽（Tag），常用的标签蛋白有谷胱甘肽 S 转移酶（glutathione S-transferase，GST）、六聚组氨酸肽（polyHis-6）、蛋白质 A（protein A）、LacZ 和纤维素结合域（cellulose binding domain，CBD）。

融合表达有许多优点：① 与高表达的担体蛋白共同表达，可保证目的蛋白表达效率高、稳定性好；② 担体蛋白通常是结构和功能研究得比较清楚的蛋白质，能有效保证融合在一起的蛋白的分离；③ 一些担体蛋白如谷胱甘肽 S 转移酶（glutathione S-transferase，GST）、硫氧还蛋白（Trx）、麦芽糖结合蛋白（MBP）都能正确折叠，借此可帮助目的蛋白的正确折叠，也保证蛋白的活性；④ 通过化学裂解和蛋白酶很容易将 N 端的担体蛋白与 C 端的目的蛋白分开，有利于后续研究。

（3）大肠杆菌分泌表达载体

将目的蛋白的基因置于原核蛋白信号肽序列的下游就能够实现分泌表达。通常，向细胞外分泌的蛋白、膜的整合蛋白、构成内膜系统细胞器中的可溶性驻留蛋白以带有 N 端信号肽的前体形式在细胞质中合成，随后穿膜运输到周质或定位到内、外膜上，最后信号肽被切除。因此，可利用信号肽序列作为融合标签，将融合蛋白分泌到细胞外而获得目的蛋白。

采用融合表达法有如下优点：① 当分泌蛋白前端的信号肽切除后，后面的蛋白与天然产物是一致的；② 周质空间中蛋白酶活性要低于胞质中的活性，可使表达的蛋白能稳定存在于周质中；③ 周质中仅有少量的细菌蛋白，重组蛋白在此空间易于纯化；④ 周质提供了一个氧化环境，易于二硫键的形成。鉴于上述优点，许多难以纯化的蛋白可通过构建分泌型表达载体来实现分泌表达。

**2. 真核表达载体**

原核表达载体可以表达真核基因的蛋白质，但是往往缺乏生物活性，其原因在于：① 没有真核生物基因转录加工的功能，不能进行 mRNA 的剪接，只能表达 cDNA 而不能表达真核生物的基因组基因；② 没有真核生物蛋白质翻译后加工的功能，表达产生的蛋白质不能进行糖基化、磷酸化等修饰，难以形成正确的二硫键配对和空间折叠构象。另外，表达的蛋白质通常是不溶的，会在细菌内聚集成包涵体(inclusion body)，尤其是当目的蛋白量超过细菌体总蛋白量 10%时，就很容易形成包涵体。但是包涵体再次复性(renaturation)，重新散开、重新折叠成具有天然蛋白构象和良好生物活性的蛋白质，难度较大。同时，大肠杆菌分泌表达的表达量往往不高。为此，需要开发有效的真核表达载体。真核表达载体主要有三种类型：① 改造过的质粒载体，将真核启动子、终止子、polyA 信号等组装在盒式结构内，引入质粒载体，这种载体转染真核细胞、培养细胞，在细胞内只能进行瞬时表达；② 整合载体，把表达盒式结构整合到真核细胞染色体上，因只能整合一个拷贝，所以表达水平很低；③ 病毒载体，是外源基因转移和表达的载体，具有在宿主细胞内繁殖，表达自身基因和外源基因的能力。下面主要就常用的酵母表达载体和 SV40 病毒载体作简要介绍。

(1) 酵母表达载体

酵母表达系统是基因工程广泛使用的表达系统之一。酵母表达载体主要有两类：① 自主复制型质粒载体(YRP)，含有酵母基因组的 DNA 复制起始区、选择标记和基因克隆位点等元件，能够在酵母细胞中进行自我复制，在酵母细胞中的转化效率较高，每个细胞中的拷贝数可达 200 个，但经过多代培养后，子细胞中的拷贝数会迅速减少；② 整合型质粒载体(YIP)，不含酵母 DNA 复制起始区，不能在酵母中进行自主复制，但含有整个介导区，可通过 DNA 的同源重组将外源基因和部分载体片段整合到酵母染色体上，并随染色体一起复制。

在早期的研究中，主要应用酿酒酵母表达系统，但本系统缺乏强有力的启动子，分泌效率低、表达菌株不够稳定，表达质粒易于丢失等。后来，研究者发展了新一代酵母表达系统，即巴斯德毕赤酵母(*Pichia pastoris*)表达系统，因其能利用甲醇作为唯一的碳源提供能量，故又称为甲醇酵母。

甲醇酵母能利用甲醇作为碳源的机制是甲醇酵母含有乙醇氧化酶基因，能将甲醇氧化成甲醛，提供酵母生长的能量。甲醇酵母中含有两个乙醇氧化酶基因：

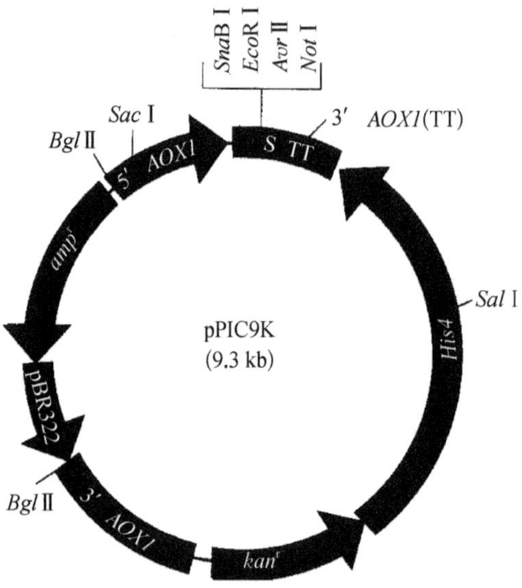


图 2-14 甲醇酵母表达载体 pPIC9K 结构图
（引自袁婺洲，2010）

*AOX*1 和 *AOX*2。*AOX*1 的乙醇氧化酶活性很强。调控乙醇氧化酶的启动子是强启动子，可用来调控异源蛋白的表达。甲醇酵母中没有稳定的质粒，所以其表达载体采用整合型质粒，如分泌表达 pPIC9K 载体（图 2-14），该载体通过同源重组整合到酵母的染色体上。同源重组位点包括 5′*AOX1* 序列、3′*AOX*1序列以及 *His4* 基因序列。

(2) SV40 病毒载体

SV40（simian vacuolating virus 40）是一种猿猴空泡病毒，环状双链 DNA 分子，全长 5 241 bp，是迄今为止研究得最为详尽的乳多空病毒（papova viruses）之一，也是第一个完成基因组 DNA 全序列分析的动物病毒。而且人们对其复制及转录方面的特性也有了相当深刻的了解。这为 SV40 的长足、持续发展奠定了很好的基础。

SV40 病毒是一种小型的 20 面体的蛋白质颗粒，由三种病毒外壳蛋白质 Vp1、Vp2 和 Vp3 构成，中间包装着一条环形的病毒基因组 DNA。SV40 病毒基因组表达的时间顺序是相当严格的，根据基因组内转录的时间顺序和方向，分为两个转录区域，即早期转录区和晚期转录区。当它感染猿猴细胞时，其 DNA 进入细胞核后，开始依次进行早期转录、DNA 复制、晚期转录。

SV40 病毒基因组中存在一个增强子序列，长度为 72 bp，以串联重复的形式位于基因组 DNA 复制起点的附近，它的主要功能是促进病毒 DNA 发生有效的早期转录，而且具有一般增强子所共有的基本特性。

外源的基因可以融合在 SV40 DNA 的早期转录区段内，而 SV40 的增强子又能够有效地激活 SV40 早期转录单位的转录活性。由此可见，SV40 增强子在哺乳动物的基因操作中是相当有用的。此外，SV40 增强子还可以增强由细胞启动子启动的基因转录作用。

然而，野生型的 SV40 病毒颗粒的包装范围相当严格，超过其基因组大小（5. 2 kb）的重组 DNA 就不能够被包装为成熟的病毒颗粒。而且，SV40 病毒还存在寄主细胞的局限性。因此，它只能在受体细胞中增殖，并最终导致寄主细胞的死亡，这样就不能作长期的培养使用。因此，野生型的 SV40 病毒必须经过改造，才能发展成为基因克隆的有用载体。

SV40 和多瘤病毒(polyoma virus)的基因组能够在寄主细胞中快速复制,并达到相当高的拷贝数。利用这种能力,现在已经发展出了一类特殊的病毒载体。这类病毒载体实质上是由病毒的早期区段和复制起点同大肠杆菌的质粒分子重组而成的,所以又叫做病毒-质粒载体(viral-plasmid vector)。由于它们既可在大肠杆菌细胞中复制,也能在哺乳动物细胞中复制,因此也称穿梭载体。

# 第五节　动植物转基因方法

所谓转基因方法或称转基因技术,即通过人工操作的方式将外源基因整合到生物体基因组内,使该转基因生物能稳定地将此基因遗传给后代的实验技术。当靶细胞中导入外源基因后,有可能会表现出相关的性状,这种性状或者是暂时出现,或者会长久保留,具体结果取决于外源基因在靶细胞中的存在方式。

## 一、动植物细胞通用的转基因方法

### 1. 物理学方法

(1) 电穿孔法

电穿孔(electroporation)是指在高压脉冲作用下使细胞膜上出现微小的孔洞,可促使细胞吸收外界环境中的 DNA 分子。在高压电场作用下,细胞膜因发生临时性破裂所形成的微孔可使大分子及小分子从外界进入细胞内部,或反向流出细胞。当具有游离末端的线性 DNA 分子进入细胞核内部时,易发生重组,容易整合到宿主染色体中形成永久性转化子。

影响电穿孔转染效率和存活效率的主要因素是脉冲最大电压、电容、持续时间,电转液的温度与 DNA 的浓度,所用的细胞类型与数量,因此,当转染不同细胞时需进行个别优化,最后得到最佳转染条件。

(2) 显微注射法

本法借助显微注射仪,将外源 DNA 或 mRNA 直接注射到受体细胞,转化效率高,使用范围广。然而,本法需要大型且昂贵的设备,且转化 DNA 的整合位点无法控制。

(3) 基因枪法

基因枪法(gene gun)又叫微粒轰击法,是一种快速有效的 DNA 转移方法。该技术通过提供给包裹有 DNA 的微小金颗粒(或钨粉)很高的初速度,使其穿透靶细胞而达到转移外源 DNA 的目的。该技术的优点如下:① 技术简单,能迅速、方便地转移 DNA；② 对靶细胞没有特殊要求；③ 对基因大小要求不严格，大大拓宽可转移基因的范围；④ 容易获得高水平的多基因共转移；⑤ 安全性高；⑥ 可以获得持续时间较长的瞬时表达。

**2. 化学方法**

(1) DEAE 葡聚糖法

将外源 DNA 片段与 DEAE-葡聚糖等高分子糖类混合，这样 DNA 链上带负电的磷酸骨架便被吸附于 DEAE 的正电荷基团上，从而形成 DNA 大颗粒。后者粘附于受体细胞表面，并通过胞饮作用进入细胞内。本法适合细胞瞬间表达检测及小量 DNA 转染，但转化效率低。

(2) 磷酸钙转染法

磷酸钙转染法(calcium phosphate co-precipitation)是把含有外源基因的质粒或已克隆化的基因作为转染物，与磷酸钙转染液混合，加入到宿主细胞的培养环境中，在磷酸钙转染液的媒介下能使转染的 DNA 被整合到受体细胞的基因组中。本法简单、实用，广泛运用于离体细胞的基因转移，但对细胞有一定的选择性。

影响磷酸钙转染效率的主要因素有：DNA－磷酸钙共沉淀物中 DNA 的数量，共沉淀物与细胞接触的保温时间以及甘油或 DMSO 等促进因子作用的持续时间等。

(3) 脂质体转染法

脂质体(liposome)是由天然脂类和类固醇组成的微球，可分单室脂质体和多室脂质体。阳离子脂质体与带负电的基因依靠静电作用形成脂质体基因复合物，该复合物因阳离子脂质体的过剩正电荷而带正电，借助静电作用吸附于带负电的细胞表面，再通过与细胞膜的融合或细胞内吞作用而进入细胞内，脂质体基因复合物在细胞质中可能进一步传递到细胞核内释放基因，并在细胞内表达。

脂质体介导基因转移包括两个步骤，首先脂质体与 DNA 形成复合物，然后复合物与细胞作用将 DNA 释放到细胞中。脂质体介导基因转移的机理可能存在两种模式：① 细胞内吞作用介导的脂质体-细胞融合；② 脂质体与质膜直接融合。

脂质体作为基因转移载体有如下优点：易于制备、使用方便，不需要特殊仪器，无毒，与生物膜有较大的相似性与相容性，可降解；目的基因容量大，可将 DNA 特异性传递到靶细胞中，使外源基因在体外细胞中有效表达。但是也存在不足，如表达量低，持续时间短，稳定性欠佳等(图 2－15)。

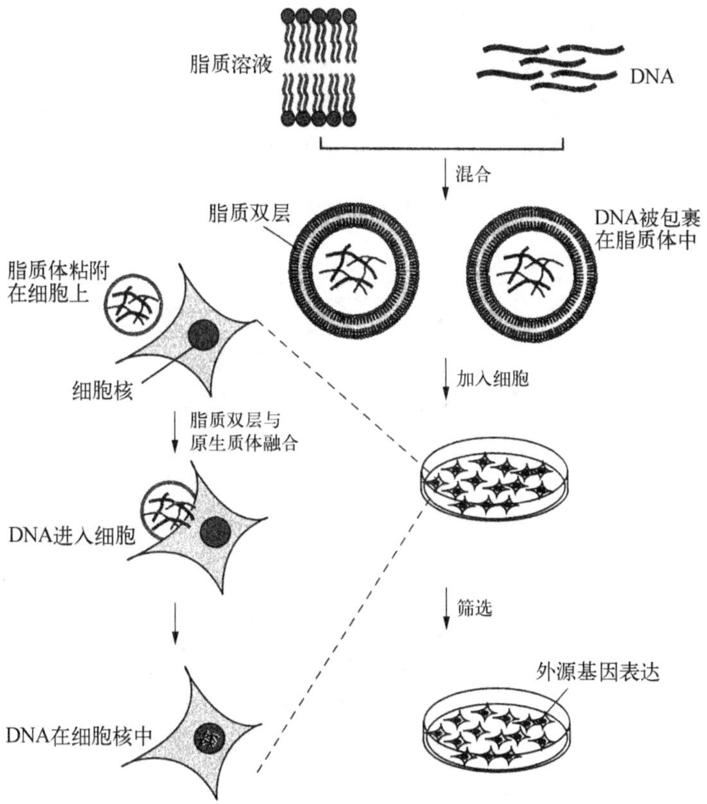


图 2-15　脂质体介导的基因转移

## 二、植物特有的转基因方法

### 1. 农杆菌介导的植物转化法

农杆菌 Ti 质粒法属载体介导的转化法，是植物，特别是双子叶植物最常用的获得转基因的方法。本法基因转移效率高，且外源基因整合到植物基因组中后不发生任何重大修饰改变。使用本法所转入的外源基因一般拷贝数低，且多为单拷贝。

(1) Ti 质粒的结构组成

根瘤农杆菌(*Agrobacterium tumefaciens*)是普遍存在于土壤中的一种革兰氏阴性细菌，能在自然条件下趋化性地感染大多数双子叶植物的受伤部位，并诱导产生冠瘿瘤(crown gall)，其原因是该菌携带一种名为 Ti 质粒(tumor inducing plasmid)(双链环状 DNA 分子，长 200～250 kb)的特殊结构。

天然 Ti 质粒结构分 4 个区：复制起始区(origin of replication，Ori 区)，调控

Ti 质粒的自我复制；结合转移区（region encoding conjugation，Con 区），调控 Ti 质粒在农杆菌之间的转移；转移 DNA 区（transferred－DNA region，T－DNA 区），从 Ti 质粒上切割下来转移到植物细胞的一段 DNA；毒性区（virulence region，Vir 区），能激活 T－DNA 转移，使农杆菌显示活性（图 2－16）。

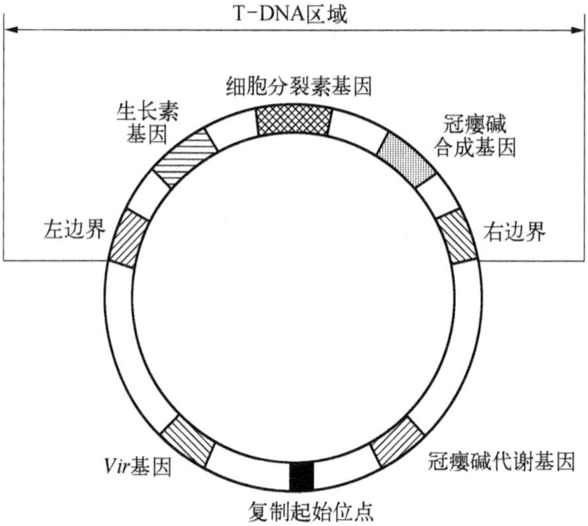


图 2－16　Ti 质粒结构示意图
（引自袁婺洲，2010）

（2）T－DNA 的结构

T－DNA 能够转移并整合进植物基因组中，导致冠瘿瘤形成。T－DNA 长度在 12～24 kb 之间。T－DNA 的 3′端和 5′端都有真核表达信号，如 TATA－box、AATAA－box 及 poly(A)等。T－DNA 的两端左右边界各为 25 bp 的重复序列，分别称之为左边界（LB 或 LT）和右边界（RB 或 RT）。右边界在 T－DNA 转移中起重要作用。

在 T－DNA 左右边界之间，含有三类结构基因，即生长素合成基因、细胞分裂素合成基因和冠瘿碱合成基因，它们与冠瘿瘤密切相关。当三个基因随 T－DNA 转移并整合至植物组上后，生长素基因和细胞分裂素基因的表达产物引起质粒转化区植物细胞不断分裂、生长，冠瘿碱合成基因利用氨基酸合成冠瘿碱，导致植物冠瘿瘤的形成。

（3）T－DNA 整合机制与诱导植物致瘤过程

农杆菌是一种天然的植物遗传转化体系。人们将目的基因插入到经过改造的 T－DNA 区，借助农杆菌的感染实现外源基因向植物细胞的转移与整合，然后通过细胞和组织培养技术，再生出转基因植株。农杆菌 Ti 质粒上 T－DNA 导入植物基因组的过程包括6个步骤：① 农杆菌对受体的识别；② 农杆菌附着到植物受体细胞；③ 诱导启动毒性区基因表达；④ 通道复合体的合成和装配；⑤ T-DNA的加工和转运；⑥ T-DNA的整合(图2-17)。

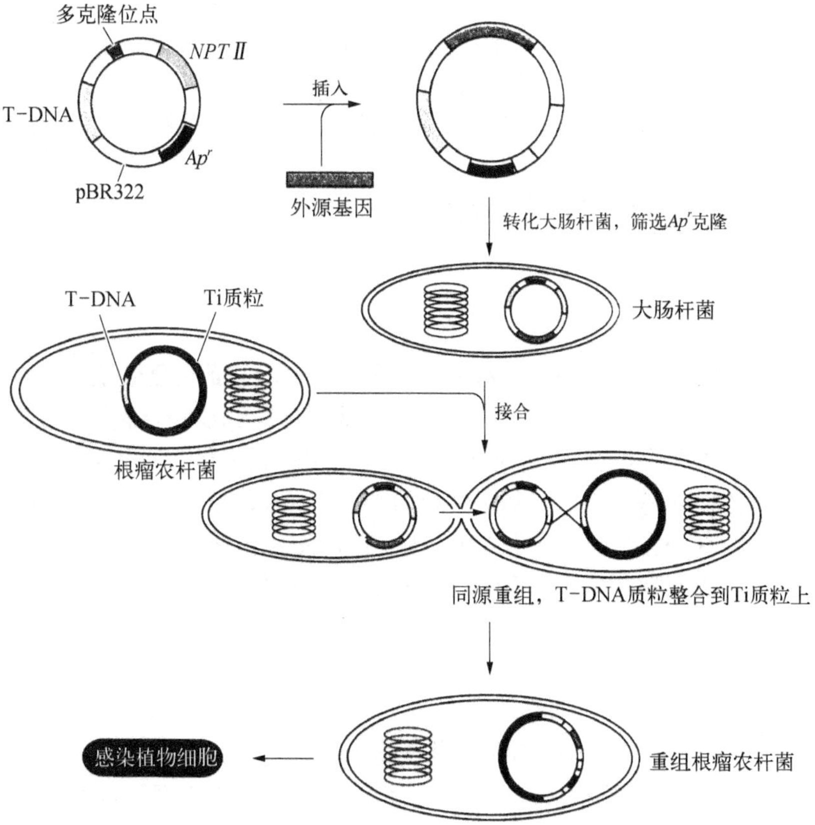


图2-17　Ti质粒介导的共整合转化程序
(引自张惠展，2010)

农杆菌介导法操作简单，可将较大片段DNA完整地转移到植物基因组中，转化效率高，外源基因多以单拷贝或低拷贝插入受体细胞，较少出现基因沉默现象，且稳定性好，目前已成为植物基因转移的主要方法。但是，由于T-DNA可以在植物染色体的任何区域插入，有可能导致有益基因的插入失活。

**2. 花粉管通道法**

花粉管通道法即利用花粉管通道，将外源DNA或外源基因在自花授粉的适当时期导入胚囊，转化卵细胞、合子或早期胚胎细胞。操作程序包括：① 外源DNA(基因)的制备；② 根据受体植物受精过程及时间，确定导入外源

DNA的时间及方法；③ 将外源DNA导入受体植物；④ 转基因植株目标性状的鉴定及分子检测。花粉管通道法导入外源基因的方法通常有：花粉粒与外源DNA混合授粉法、花粉粒培养法、柱头滴注法、花粉粒转化法、微注射法等。

该方法于20世纪80年代初期由中国学者周光宇提出，中国目前推广面积最大的转基因抗虫棉就是用花粉管通道法培育出来的。该法的最大优点是不依赖组织培养人工再生植株，技术简单，不需要装备精良的实验室，常规育种工作者易于掌握。

## 三、动物细胞特有的转基因方法

### 1. 显微注射法

显微注射法是动物转基因技术中最常用的方法。它是在显微镜操作仪下用极细的玻璃针（直径1～2 μm）将构建好的外源基因注射到受精卵内，注射的外源基因与胚胎基因组融合，然后进行体外培养，最后移植到受体母畜子宫内发育，这样分娩的动物体内的每一个细胞都含有新的外源DNA片段。这种方法的缺点是效率低、位置效应（外源基因插入位点随机性）造成表达结果的不确定性、动物利用率低等。首例表达人胸苷激酶基因的转基因小鼠及表达大鼠生长激素基因的转基因"硕鼠"就是利用显微注射法实施的。

### 2. 反转录病毒法

反转录病毒中含有依赖RNA的聚合酶，即反转录酶，如果将目的基因整合到反转录病毒上，然后将其直接注射到胚胎或是给动物的培养细胞接毒并与胚胎一起培养，就可以使病毒感染胚胎，继而将外源基因转入受体。本法的优点是外源基因整合率高，且多属单拷贝整合，使用比较方便；但本法可转入的目标基因的长度一般不超过8 kb，大的基因组基因很难应用此方法。另外，病毒导入动物体内的安全问题也是有争议的。

### 3. 胚胎干细胞法

胚胎干细胞（embryonic stem cell，ESC）是从动物早期囊胚的内生细胞团（inner cell mass，ICM）或原始生殖细胞（primordial germ cells，PGC）中分离的且保持未分化状态的细胞。当将外源DNA导入胚胎干细胞，ESC在体外培养时可承受转基因操作而不影响其分化多效性，将外源基因通过同源重组方式特异性整合在ES基因组内的一个非必需位点上，构成工程化胚胎干细胞，后经筛选、鉴定和体外扩增，再输回小鼠胚胎卵泡中，最终成转基因动物。

胚胎干细胞法的最大优点在于可以用多种方法将外源基因导入 ES 细胞，对转基因 ES 细胞的鉴定和筛选较方便，克服了其他方法只能在子代选择的缺点，并且能够进行基因打靶，即在体外就能确定整合的位点，克服了显微注射法无法解决的随机整合问题，但本法目前只限于小鼠，主要用于制作定点整合的转基因小鼠，即基因敲除小鼠和基因替换小鼠（图 2－18）。

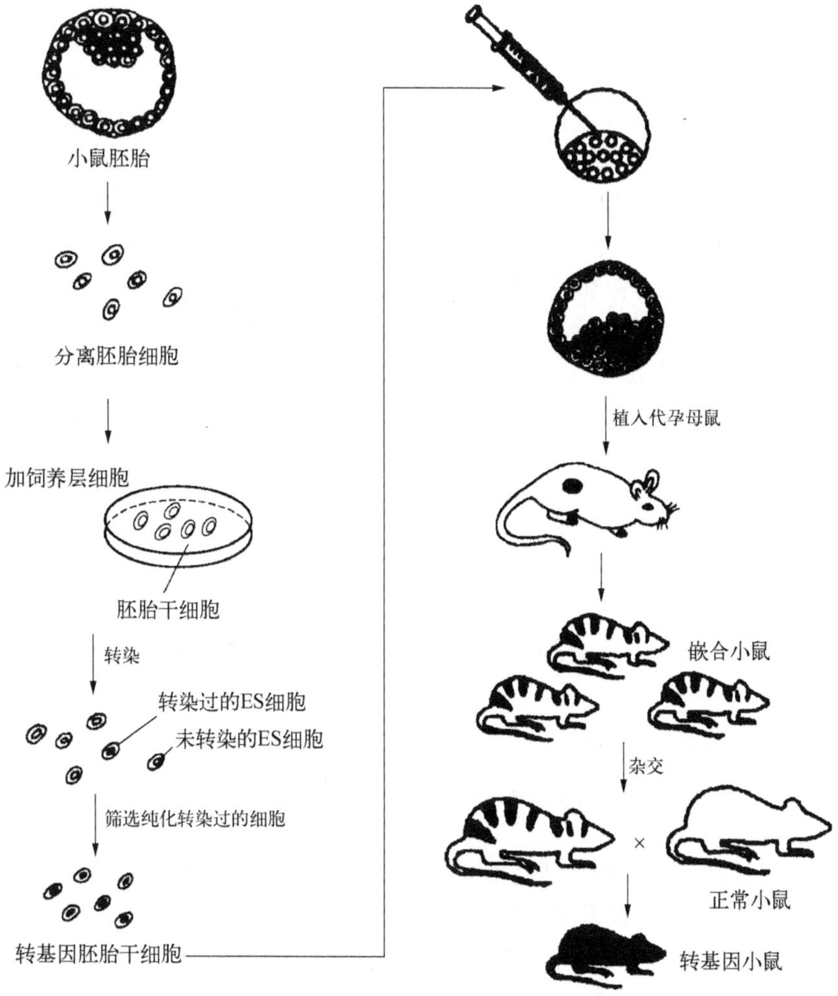


图 2－18　胚胎干细胞法制备转基因小鼠

#### 4. 体细胞核移植法

核移植（nuclear transfer，NT）是指借助物理、化学等方法，从供体细胞中取出细胞核，再将其转入到去核卵母细胞中的一种技术。在早期的核移植实验中，所使用的供体核主要来源于胚胎细胞。1997 年，克隆羊“多莉”的诞生开启了体细胞核移植实验的新篇章。近年来，研究者将基因修饰与核移植技术结合起来，通过质粒转染的方法将基因整合到细胞核中，再将此类细胞筛选出来，转入去核卵细胞，建立重组胚，产生的胚胎中所有的细胞均携带这种基因。本技术比显微注射法更能有效转入和结合大的 DNA 片段（>1 000 kb），也有利于强化有利的等位基因或去除不利的等位基因。

**5. 精子载体法**

精子载体法是一种直接用精子作为外源 DNA 载体的转基因方法。研究发现，在精子的核后帽区域存在一种带正电荷的膜蛋白（分子质量为 18～24 kD），能使精子之间相互排斥而保持独立运动，增强精子的受精能力。该蛋白能与外源 DNA 结合，当用携带有外源基因的精子给发情母畜授精后，在母畜所产的后代中，就有整合了外源基因的转基因动物。

本法的优点是操作简单，不需要昂贵的显微操作设施，且适于对大型动物进行转基因研究。本法是在配子水平上的操作，一旦完成受精，就能产生带有外源基因的胚胎。不过，本法整合率低，许多因素影响 DNA 与精子的结合，实验结果不稳定，可重复性差。而且，到目前为止，本法的真正机制还不是特别清楚，精子携带外源 DNA 的条件难以掌握，实验结果不稳定，还需要进一步的研究。

## 第六节　转基因生物研发的一般过程

所谓转基因生物，是指借助一系列的 DNA 操作技术，将外源基因导入受体细胞，经整合、培养、表达、传代等一系列过程，创造出新型的人工生物，借此生产人类所需要的产品。

依据转基因的对象不同，转基因生物可进一步分为转基因植物、转基因动物、转基因微生物等。随着技术的不断发展、进步，当前已经研制出许多转基因生物，且基因的来源打破了物种间的隔离。

不同类型的转基因生物，核心的研发路线基本一致。通常，转基因生物的研发包括三大步骤：① 从生物体中分离获得所需要的基因，即 DNA 片段；② 通过载体将基因转入到新细胞中，并使其余新细胞中染色体组 DNA 发生组合，即 DNA 重组；③ 在筛选培养基上培养有外源基因的细胞或组织，使其产生正常、健康的转基因生物，通过有性繁殖将优良性状传递给下一代。下图为转基因动物的研发路线（图 2－19）。

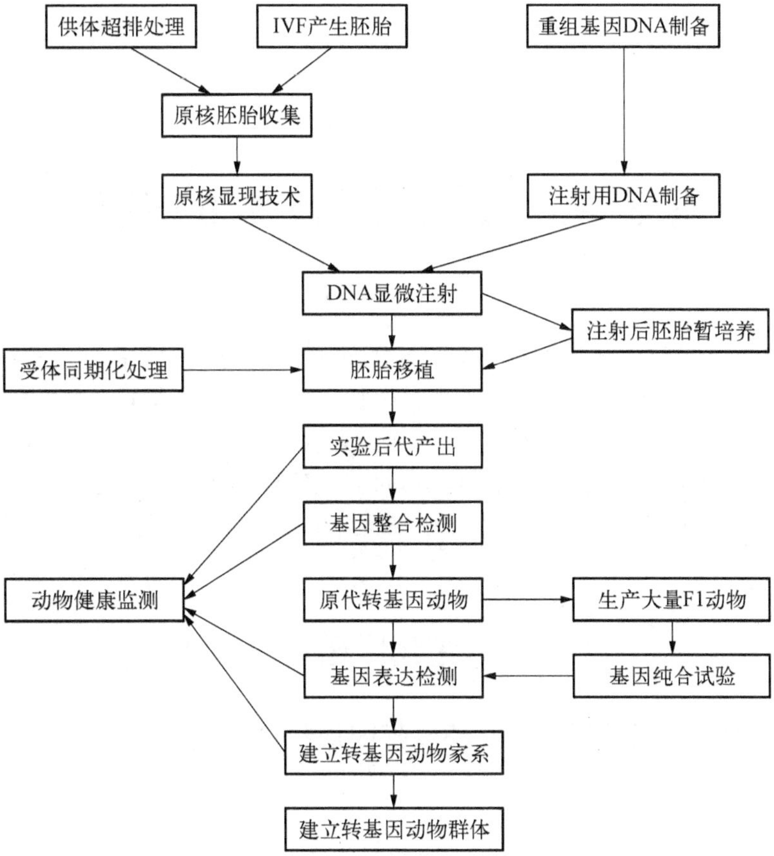


图 2-19　生产转基因动物的工艺流程

# 第三章　转基因技术的应用

20 世纪 80 年代，世界上第一个真正的转基因生物——含有抗生素抗性基因的转基因烟草的出现标志着人类对现代生物技术的利用进入了一个崭新的阶段。1994 年，延熟番茄的正式商业化意味着人类大规模利用转基因生物的开始。时至今日，已有许多转基因植物、转基因动物问世，它们细胞中相关的基因按人们需求而设计，从而也使这些生物在遗传育种、医药、食品、环境保护等方面表现出重要的应用价值。

## 第一节　生物医药方面应用

### 一、建立疾病诊断与治疗的转基因动物模型

人类疾病的动物模型(animal model of human disease)是指为阐明人类疾病发生机理及建立预防、诊断和治疗方法而制作的具有人类疾病模拟表现的实验动物。在转基因动物问世之前，发现自然突变体是获取遗传疾病模型的唯一方法。而今，转基因技术的发展使得外源基因可以在转基因动物细胞中整合并表达，且接受受体基因组的调控，因此，用产生某些疾病的基因作为外源基因，通过转基因技术就可以制作研究人类疾病的动物模型，借此研究人类疾病的发病机制、治疗方法、药物治疗效果等内容。当前，全世界范围内已建立 30 多种人类遗传病的鼠模型，如 AIDS、老年性痴呆症、原发性高血压、糖尿病、镰状细胞贫血症等，其结果为诊断乃至治疗人类类似疾病积累了宝贵资料。

乙肝病毒(HBV)与人类的慢性肝炎、肝硬化、肝细胞癌等疾病的发生密切相关。研究发现，乙肝病毒仅感染黑猩猩和人类，对其他动物不起作用。黑猩猩数量很少，又不能用乙肝病毒感染人类，导致此类疾病较难有效治疗。小鼠转基因乙肝模型的成功研制，使研究人员能够在整体水平上，从时间和空间的角度观察乙肝的疾病发展，分析乙肝病毒的基因表达的情况，从分子水平上阐述动物在疾病状态下的生理与病理的发生、发展机制，对乙肝新药开发、药物筛选及治疗研究具有重要作用。

2000 年，美国俄勒冈保健科学大学的科学家宣布，他们培育出一只体内含有绿色荧光蛋白的猴子，名为“安迪”（图 3-1），这也是人类第一次成功培育转基因灵长类动物。在培育过程中，科学家用一种携带“绿色荧光蛋白基因”（源自海蜇）的病毒感染猴的卵，借助荧光显微技术观察“绿色荧光蛋白”的存在与否来鉴定实验是否成功。实验结果得到 224 个含有这种基因的卵子，经受精后，得到 40 个含有上述基因的胚胎，科学家再将这些胚胎植入母猴的子宫中，又得到 5 只怀孕的猴子，最终有 3 只母猴顺利地产下了小猴，除“安迪”成活外，其余 2 只小猴已死亡。在本实验中，“安迪”体内增加的仅是一个标记基因，如果将这个标记基因换成特定的医疗目的基因，就可以人工培育出“疾病转基因动物模型”。有科学家举例说，如果简单地引进老年痴呆病的基因，通过研究探索，可以加快针对这种疾病疫苗的开发工作。再例如，以往科学家都是以老鼠作为实验动物模型来研究人类疾病，因老鼠与人类的差异，某些人类特异性的疾病很难在老鼠动物模型上完成，如乳腺癌，但“安迪”的成功培育弥补了许多不足，可以加快对人类自身特异性疾病的研究工作。

图 3-1　转基因猴“安迪”

## 二、异种器官移植的提供者——转基因动物

人体某些器官的严重损伤会危及生命，如心脏、肝脏、肾脏等，器官移植是挽救此类疾病的一种有效治疗方法。供体器官的来源一般包括自身、捐助者、别的动物等三类，因受数量、健康度、供应时间、社会价值观等许多因素的影响，前两个来源受到很大限制，于是研究者将目光重点瞄向第三类来源，也即别的动物的器官（即异源器官移植），当前对器官供体动物研究较多的是猪。作为人类器官移植的供体，猪在解剖、组织及生理等方面与人最为相近，其器官与人的器官大小相仿，而且猪具有妊娠期短、产仔数多、后代生长快、容易饲养等适于获取器官的特点。可是，如何有效解决异种器官移植时的免疫排斥反应？转基因动物，如常用的转基因猪（图3-2），就是当前研究者重点关注的一个较可行的解决途径。例如，在供体猪的组织的血管内皮细胞表面存在糖类表面抗原，可与人类血清中的相应抗

图 3-2　转基因猪

体结合，已知这种抗原是由α-1,3-半乳糖转移酶催化合成的，用基因敲除的方法降低该酶的活性或使该酶失活，从而解决异种器官排斥反应问题。另外，可以将人类的某些免疫相关基因转入猪体内并表达，这种转基因猪的器官具有较低的免疫排斥反应，如将人类白细胞抗原D(human leukocyte antigen D, HLA-D)的基因转移至猪体内建立的HLA转基因猪。再有，将人体CD55、CD59基因转入猪的基因组中，其仔猪的血管内皮细胞会表达CD55、CD59，当携带这种基因的猪器官(如心脏)移植到人体内后，将不会激活人体的补体系统，因此就可以克服超急性排斥。

此外，还可以通过核移植技术建立病人的胚胎干细胞系，并在体外培养使其发育成为各种组织、器官，之后再移植给病人，这从根本上解决了排异反应，为生产可供人类移植用的器官开辟了一条很有希望的途径。

## 三、转基因生物反应器与药用蛋白生产

药物的研究和开发对人体疾病的预防、治疗以及人类健康的防护具有举足轻重的作用。除了天然产物的药物开发，基因工程药物研究是另一个非常重要、潜力巨大的领域。当前，基因工程药物的生产方式从最开始的细菌基因工程过渡到细胞基因工程，直至现在的转基因动物。

利用转基因动物生产药用蛋白主要包括以下三类途径：一是通过血液，DNX公司通过转基因(人的血红蛋白基因)猪生产人血红蛋白；二是从转基因动物的尿液中提取药用蛋白质，如Kerr和Wall获得能在尿液中表达人生长激素的转基因小鼠；三是借助乳腺的泌乳功能，将外源基因置于乳腺特异性调节序列之下，使之在乳腺中表达，然后通过回收乳汁获得重要价值的生物活性蛋白。因为泌乳是动物的一种生理活性，对动物健康无影响，且乳腺合成、分泌蛋白质的能力很强，因此，乳腺已被公认为生产重组蛋白质的理想器官。

当前，基于转基因动物的乳腺生物反应器的研究及药物生产已取得诸多成果。如美国GenPharm International公司用酪蛋白启动子与人乳铁蛋白(hLF)的cDNA融合，获得世界上第一头名为Herman的转基因公牛，该公牛与非转基因母牛生产的转基因后代，1/4后代母牛乳汁中表达了hLF。

图3-3 转基因奶牛

2005年，中国农业大学李宁院士课题组与北京济普霖生物技术有限公司联合研制的人乳铁蛋白和人乳清白蛋白转基因奶牛(图3-3)均获得高效表达，在转基因奶牛奶液中重组人乳铁蛋白含量达3.4 g/L，人α-

乳清白蛋白的含量达 1.5 g/L，人溶菌酶含量达 1.5 g/L，而且具有天然蛋白相同的转运铁、抗菌的活性，这标志着我国首次获得可商业化生产的动物乳腺生物反应器重组人类蛋白。

2006 年，世界上第一个利用转基因动物乳腺生物反应器生产的基因工程蛋白药物——重组人抗凝血酶Ⅲ(商品名：Atryn)的上市许可申请获得了欧洲医药评价署人用医药产品委员会肯定批准。

利用动物乳腺生物反应器生产药物具有许多优点：① 生产的药物蛋白品种多、产量高，具有稳定的天然生物活性；② 投资成本低、生产周期短、经济效益高；③ 安全环保、设备简单、耗能低、无环境污染。正是因为转基因动物乳腺生物反应器具有潜在的高额利润，各国政府及企业纷纷加大研发投资力度，在未来有望造就一批新型的产业。

当前，研究者已广泛开展了转基因动物药物生产工作，包括多肽类药物、基因工程疫苗、抗体、酶制剂等(表 3-1)。

**表 3-1　利用动物乳腺生物反应器生产人药用蛋白的美欧市场评估和 R&D 现状**

(引自薛达元，2009)

| 公　司 | 药　品 | 用　途 | R&D 阶段 |
|---|---|---|---|
| 美国 Genzyme Transgenics Corp | 抗凝血酶 | 动脉移植等 | 临床Ⅲ期；山羊 14 g/L |
| | 蛋白酶抑制因子 | 呼吸窘迫综合症 | 临床Ⅰ期；山羊 20 g/L |
| | 蛋白酶原激活因子 | 肺栓、心肌梗死等 | 临床前期；山羊 6 g/L |
| | 路易斯抗体 | 乳腺癌、肺癌等 | 蛋白纯化；山羊 14 g/L |
| | 抗癌抗体 | 结肠癌等 | 提高表达量；山羊 14 g/L |
| | 可溶性受体 CD4 | 艾滋病等 | 转基因鼠 8 g/L |
| | 胰岛素原 | 糖尿病 | 转基因鼠 20 g/L |
| | 抗胰蛋白酶 | 肺纤维囊肿等 | 临床Ⅱ期完成，绵羊 12 g/L |
| | 血纤维蛋白原 | 外科创伤等 | 临床前期，绵羊 6 g/L |
| 英国 PPL Therapeutics plc | 活性蛋白 C | 深部经脉血栓等 | 转基因鼠 5 g/L |
| | 凝血因子ⅤⅢ | A 型血友病 | 转基因鼠 3 g/L |
| | 葡萄糖苷酶 | 肌肉糖原贮积病 | 临床Ⅲ期，转基因兔 5 g/L |
| | 酯酶抑制因子 | 心肌梗死等 | 临床前期，转基因兔 3 g/L |
| 荷兰 Pharming B. V. | 胶原蛋白 | 类风湿等 | 转基因奶牛 1 g/L |
| | 酯酶抑制因子 | 心肌梗死等 | 临床前期，转基因兔 3 g/L |
| | 胶原蛋白 | 类风湿等 | 转基因奶牛 1 g/L |
| | 血清白蛋白 | 烧伤、血量扩积等 | 转基因鼠 35 g/L |

除转基因动物外，转基因植物也日益成为具有重要经济价值的药用蛋白生物反应器，这是因为：① 植物易于生长，农田管理成本相对低廉，操作技术要求也不高；② 植物具有完整的真核表达修饰系统，利用转基因植物生产的重组蛋白药物和疫苗在分子结构和生物活性上与人体来源的蛋白质相似；③ 绝大多数植物的表达产物对人和牲畜无毒副作用，安全可靠。例如，有报道指出，借助于根瘤农杆菌介导的转化系统，将小鼠抗体的轻链和重链编码基因分别置于两种烟草植物体内表达，然后两种重组植物品系进行杂交，产生的子代植物同时合成小鼠的轻链和重链两种多肽。从这种转基因烟草的叶子里可检测到完整的抗体分子，含量为叶细胞蛋白总量的1.5％。实验结果表明，植物细胞的蛋白分泌系统能有效识别小鼠抗体前体的信号肽序列（图3－4）。

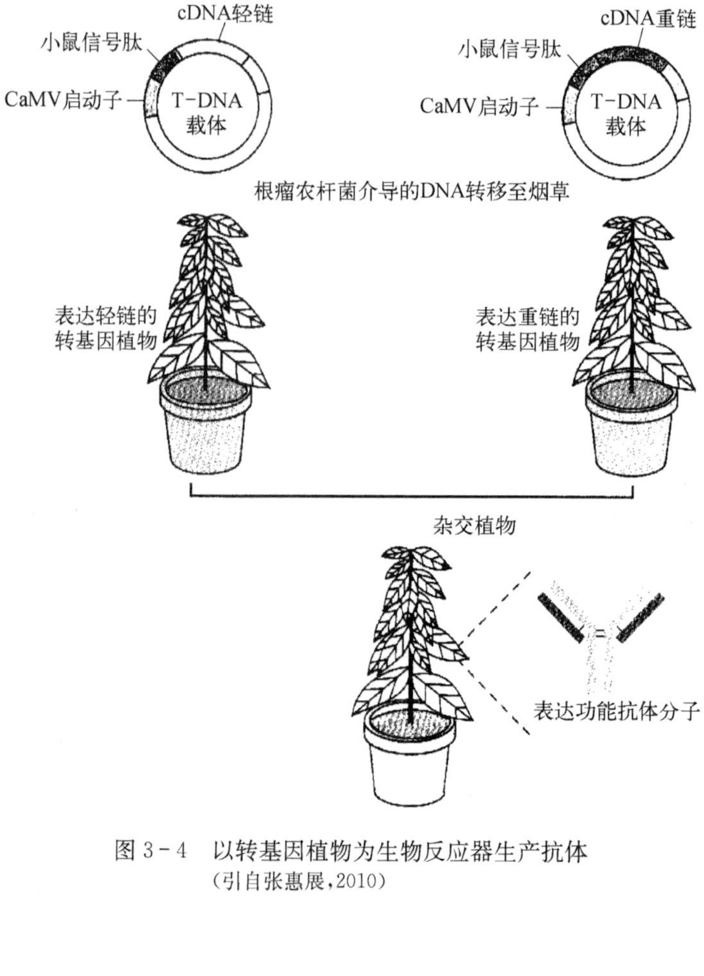


图3－4　以转基因植物为生物反应器生产抗体
（引自张惠展，2010）

# 第二节　农业方面应用

转基因技术在农业中的应用，除了人们所熟知的转基因育种之外，还可应用于动植物病害防治，如转基因抗虫农作物、转基因抗除草剂农作物、高产高质高抗性的农作物新品种培育等。

## 一、转基因改良植物

### 1. 抗除草剂转基因植物

杂草是影响小麦、水稻等农作物正常生长的有害因素之一。在田间，因杂草与农作物竞争水分、阳光、矿物质等生长资源，从而影响农作物快速、充分地生长，导致营养物质的积累减少，产量下降。当前，在大面积的农作物种植田里，人们主要使用以硝基苯酚、氯苯酚、氨基甲酸的衍生物等为主要化学成分的诸如乙草胺、异丙甲草胺、莠去津、扑草净、百草枯等俗称的除草剂。不过，在除草剂的使用中存在一些问题：如特异性不强，影响农作物本身正常生长，对农作物本身也有一定伤害等，从而限制了除草剂的大量使用。

当前，利用从植物和微生物中获得的多种不同类型的抗除草剂的基因制备抗除草剂转基因植物就很好地解决了这一问题，如转基因抗除草剂大豆。制备抗除草剂植物的基本思路有：抑制农作物对除草剂的吸收；高效表达农作物体内对除草剂敏感的靶蛋白，使其不因除草剂的存在而丧失功能；降低敏感性靶蛋白对除草剂分子的亲和性；向农作物体内导入除草剂的代谢灭活能力等。

除草剂中使用最广泛的是草甘膦，以很小剂量即可杀灭各种杂草，进入土壤后能被微生物迅速降解，基本上不污染环境。其除草机理是强烈抑制植物叶绿体芳香族所必需氨基酸生物合成途径中的5-烯醇式丙酸基莽草酸-3-磷酸盐合成酶(EPSPS)活性。将来自牵牛花的EPSPS cDNA导入植物，转基因植物细胞内的EPSPS活性提高了20倍，对除草剂的耐受性也相应增加，但转基因植物生长缓慢。另外，从一种抗草甘膦的大肠杆菌突变株中分离出EPSPS基因，将其置于植物启动子、终止子和多聚腺苷酸化位点的控制之下，并转入植物细胞内表达，由此构建的转基因烟草、番茄、马铃薯、棉花以及矮牵牛花能合成足够量的EPSPS变体蛋白，以取代被糖磷脂抑制了的植物酶系，从而表现出较高水平的除草剂抗性。

溴氢衍生物(3,5-二溴-4-羟基苯甲腈)是一类抑制植物光合反应的除草剂。臭鼻克雷伯氏菌能产生一种水解酶，将上述溴氢衍生物特异性降解为3,5-二溴-4-羟基苯甲酸。目前编码该基因的酶的基因已被克隆，并在植物核糖二磷酸羟化酶小亚基基因所属的光控制启动子的调节下成功地在烟草中获得表达。

当前，已有许多抗除草剂的转基因农作物进入商品化阶段，包括抗草甘膦的大豆和棉花、抗除草剂玉米、抗除草剂油菜等。抗除草剂的转基因农作物占所有转基因植物的72％。

### 2. 抗真菌、抗细菌、抗病毒转基因植物

(1) 抗真菌

真菌是一种严重影响植物生长的病害。植物的真菌病害通常会表现为：① 坏死，如棉花苗期炭疽病、立枯病都造成叶片或根部坏死而出现死苗，小麦根腐病、纹枯病造成根部或根部叶鞘坏死，小麦白粉病、锈病造成叶片坏死，赤霉病则造成穗部坏死等；② 腐烂，如茄子绵疫病、地瓜软腐病、西葫芦灰霉病等；③ 萎蔫，如棉花、茄子的枯萎病，玉米的青枯病等。

植物真菌病害的致病因子通常认为是毒素、各种酶(角质酶和纤维素酶)以及各种毒性因子。细胞壁是植物防御真菌入侵的第一道屏障，除此之外，植物细胞内合成的某些蛋白类抗体可结合病菌毒性产物，从而使病菌失活。在植物与真菌长期的相互作用中，真菌相应进化出许多克服手段，包括分泌大量细胞壁降解酶及新的毒素，或者产生出一种逃避寄主或干扰寄主的防卫体系。而一些转基因抗真菌植物即是基于此原理而设计的。例如，多聚半乳糖醛酸酶抑制蛋白(PGIP)是一种糖蛋白，存在于许多植物细胞壁中，能够抑制真菌内生多聚半乳糖醛酸酶的活性，表达菜豆PGIP基因的转化番茄可抵抗镰刀菌；来自褐胞霉的编码AVR9肽引发子的基因在含Cf29基因的转基因番茄中导致坏死斑防御反应；一个来自盐生盐杆菌的细菌质子泵的基因(细菌视蛋白)，在转化烟草植株中未受细菌挑战时诱导出类似于HR的枯斑发生，激活了多个防御系统；将黏质赛氏杆菌的壳多糖酶编码的基因导入烟草，能增强转基因烟草对立枯丝核菌的抗性；将来自大麦的核糖体失活蛋白(RIP)编码基因置于愈伤诱导型启动子的控制之下，构建出的转基因烟草也能对立枯丝核菌的感染产生强烈的抗性。

(2) 抗细菌

植物细菌病害非常多，如水稻的白叶枯病、白菜的软腐病、柑橘的溃疡病等，传统的防治方法有两种：一是采用化学杀菌剂，二是借助遗传工程的方法培育新的抗病品种。不过，前者有化学残留、影响环境生态，后者周期太长、不利于快速生产。当前，转基因抗菌农作物的研究则有效地解决了这一问题，具体的抗菌原理表现在：抑制细菌致病和毒性因子，激活植物本身抗病机制，导入植物防御基因，导入非植物抗菌蛋白的编码基因，利用细胞凋亡反应控制病害的发生等。例如：我国科学家曾将家蚕的cecropin抗菌肽合成酶基因转入水稻，部分转基因植物对细菌性条斑病和白叶枯病的抗性显著提高。此外，利用溶菌酶基因、病原菌本身的抗

性基因等，同样获得了抗细菌感染的转基因植物。

(3) 抗病毒

构建抗病毒转基因植物有两种策略：转病毒包衣蛋白基因和转病毒复制酶亚基的反义基因。当病毒包衣蛋白基因被转入植物后，由于外壳蛋白的积累抑制了病毒侵染早期的脱衣壳过程，病毒粒子无法暴露出内部核酸，进而阻止了病毒的复制和增殖，表达包衣蛋白的转基因植物则会表现出症状减轻、症状延迟等特性。例如，1986 年华盛顿大学 Powell 通过基因工程技术首次将烟草花叶病毒(TMV)外壳蛋白(CP)基因转入烟草，结果发现，高效表达 CP 基因的转基因烟草植物在 TMV 存在时，能维持抗病毒状态 30 d 左右，而正常植物 3～4 d 后便出现感染症状。这种现象类似于动物的疫苗接种，因此，在植物细胞中表达病毒的包衣蛋白基因就有可能构建出抗病毒的优良品种。当前，这种 CP 转基因技术在马铃薯、番茄、苜蓿等植物中已获得成功。此外，也有研究将 TMV 5′端含复制酶亚基编码序列的片段作为目的基因，成功构建了反义基因的转基因烟草植株。实验结果表明，病毒 RNA 基因组的复制被抑制了 25～50 倍，植物的病毒感染症状消失或大为减少。此后，又有一些抗病毒基因被分离出来，如病毒的卫星 RNA、反义 RNA、运动蛋白等。

当前，通过导入植物病毒的外壳蛋白基因、病毒复制酶基因、核糖体失活蛋白基因、干扰素基因等方法已经成功培育出抗病烟草、马铃薯、苜蓿、蔬菜等一系列植物。内蒙古大学张鹤龄首次用自己克隆的马铃薯卷叶病毒的外壳蛋白基因(中国株)通过农杆菌介导法导入马铃薯，培育出抗卷叶病毒的转基因马铃薯，此马铃薯患病率降低 50%以上，最高亩产达 4 200 kg。

### 3. 抗虫转基因植物

棉铃虫、麦蚜虫、麦红蜘蛛、蝗虫等害虫对农作物的危害极大，可导致农作物腐烂、霉变，甚至产生对健康有毒害的物质。化学杀虫剂是对付这些害虫的有效方法之一。不过，大量使用化学杀虫剂会污染环境，影响生态平衡，因而人们需要寻求更好的解决之道。而今，抗虫转基因植物的诞生，一定程度降低了杀虫剂的使用量。抗虫转基因植物是将抗虫基因(如毒素蛋白基因、蛋白酶抑制剂基因、植物凝集素基因、淀粉酶抑制剂基因等)转入农作物中，由农作物自行合成杀虫剂以获得抗虫特性，从而减少杀虫剂的使用。依据转入基因的不同，大致可分以下几类。

(1) 转 Bt 基因农作物

Bt 基因来自苏云金芽孢杆菌(*Bacillus thuringiensis*，Bt)，该细菌能合成一种分子质量为 125 kD 的晶体蛋白，对许多昆虫有剧毒作用，但对成虫和脊椎动物无害。实际上，苏云金芽孢杆菌产生的只是由 1 178 个氨基酸残基组成的无活性毒素原蛋白，幼虫接触到毒素原蛋白后，其消化道的蛋白酶将之水解成为 68 kD 的毒性片段，后者与幼虫中肠细胞表面的受体结合，全部或部分嵌入细胞膜中，使细胞膜产生孔道,导致细胞由于渗透平衡被破坏而破裂,昆虫的生长、发育、繁殖都会因此受到影响。然而通过发酵苏云金芽孢杆菌生产这种生物杀虫剂,成本颇高,且晶体蛋白原在环境中并不稳定,因此保护期很短。将苏云金芽孢杆菌晶体蛋白编码基因移植到农作物体内的研究持续了许多年,但这个全长基因在植物细胞中的表达率很低,其主要原因是细菌基因的密码子选用规律与植物相左,而且毒素蛋白原的分子太大。为此,改进表达效率的方法是只克隆晶体蛋白与毒性相关的N端的1～615位氨基酸残基片段,其中1～453编码区采用人工合成片段以纠正密码子的偏爱性,同时将重组基因置于双CaMV启动子串联结构的控制之下,这使得毒性蛋白在棉花细胞中的表达水平提高了100倍(图3-5)。

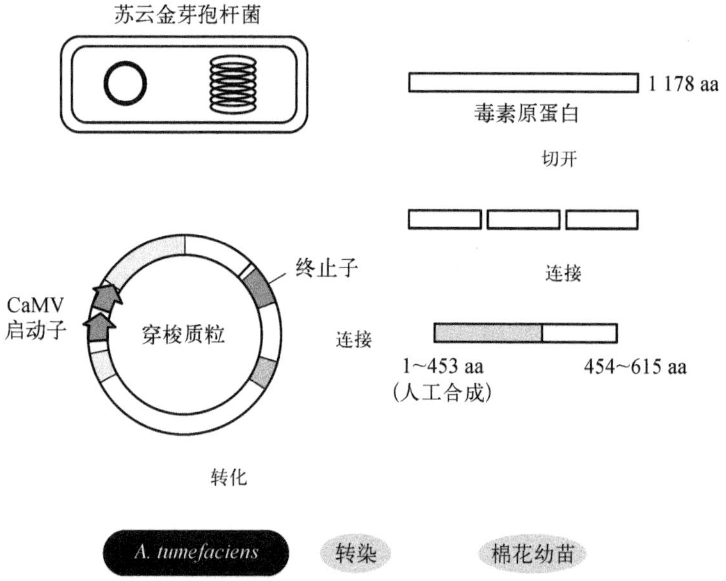


图3-5 含细菌毒素蛋白编码基因的转基因植物构建程序
(引自张惠展,2010)

自从将Bt毒蛋白基因导入烟草并成功表达出抗虫特性以来,抗虫转基因作物发展迅速,转基因抗虫棉、抗虫玉米等均已进入商业化生产。至1997年年初,在80种已经批准或即将批准的商品化转基因作物中,有21种是转Bt基因作物,其中以玉米、马铃薯、棉花为主。我国种植的转基因抗虫棉在完全不喷杀虫剂情况下,单产仍高于喷洒2～3次杀虫剂国产棉,显示出了控制棉铃虫极好前景。然而,有资料报道,苏云金芽孢杆菌的毒晶蛋白系统也有缺陷。首先,它的抗虫谱相对比较窄,通常每一种毒素分子只针对一种害虫;其次,害虫对其耐受性的问题也日益突出。鉴于此,人们在采取有效措施的同时,也积极寻找其他的抗虫基因来源。

（2）转蛋白酶抑制剂基因农作物

蛋白酶抑制剂是自然界含量丰富的蛋白之一，存在于所有生命体中。蛋白酶抑制剂可与昆虫消化道内的酶结合，使酶活性减弱或丧失，从而减弱或阻断消化酶的水解作用，干扰昆虫对外来蛋白的正常消化、吸收。昆虫受此刺激会产生过量的消化酶，影响正常生理功能，导致厌食，最终造成非正常发育或死亡。例如，转蛋白酶抑制剂基因的烟草的试验结果表明，这种抑制剂的高效表达可赋予植物广谱的抗虫害能力，若将细菌毒素蛋白和丝蛋白酶抑制剂编码基因双双整合到植物染色体上，则转基因植物的抗虫害能力比只含毒素蛋白基因的植物高 20 倍。

（3）转淀粉酶抑制剂和植物凝集素基因农作物

淀粉酶抑制剂属糖水解酶抑制剂的一种，能通过对淀粉酶的抑制作用而影响淀粉的吸收。植物凝集素蛋白是一类具有特异糖结合活性的蛋白，可识别并结合入侵者的糖结构域，从而干扰该入侵者对植物产生的可能影响。这两类蛋白的基因可用于转基因植物的研究，如果昆虫食用了这类转基因植物，就会影响糖类分子的消化和吸收，昆虫受此刺激会过量分泌消化酶，产生厌食反应，影响正常生理代谢与生命活动。当前，这类转基因植物的研究有：禾本科中典型的植物凝集素麦胚凝集素（WGA）对欧洲玉米螟有良好的抗性；雪莲花凝集素（GNA）对蚜虫、叶蝉、稻飞虱等害虫有极强的毒性；豌豆外凝集素（P－Lec）能抑制豇豆象的生长。一些凝集素基因已得到分离并被成功导入烟草、莴苣、玉米等作物，对特异性害虫均表现出抗性。

（4）转昆虫神经激素基因农作物

昆虫神经激素是神经系统的神经分泌细胞所分泌的生物活性物质，它能调节昆虫的生长发育、生殖、运动行为等过程，以及蛋白质、脂肪、糖的代谢、核酸的生物合成、遗传信息的表达等多种生理过程。近年来，人们已从昆虫神经激素的角度开发新的转基因抗虫植物，例如，蝎毒素和蜘蛛毒素两种昆虫特异性神经毒素，已被应用于植物抗虫基因工程。中国农业科学院与中山大学合作，合成了一种重组病毒 TnNPV－AaIT，它是一种双价杀虫剂，可提高杀虫效率，改善或延缓昆虫对杀虫剂的抗性，有望在植物抗虫基因工程中发挥作用。

**4. 抗逆境转基因植物**

（1）抗旱抗盐

干旱、高盐会造成植物细胞缺水，干扰细胞内正常的代谢反应，影响植物的正常生长。当植物面对干旱或高盐的逆境时，植物细胞会产生干旱反应以应对这种变化。不过，不同植物的应对能力是有差别的。有研究者对高等植物的抗旱与耐盐的分子机制进行了探讨，试图分离出相关基因并通过转基因加以利用，以提高植物的抗性。当前,已经分离和应用的基因有渗透保护物质生物合成的基因、编码与水分胁迫相关的功能蛋白的关键基因、与胁迫信号传递和基因表达相关的调控基因以及与细胞排毒、抗氧化防御能力相关的酶基因等,并且已经应用到转基因植物研究中。例如,甜菜碱合成途径中的关键酶甜菜碱醛脱氢酶(BADH)基因、合成海藻糖的 *TPS* 基因、脯氨酸合成相关的 *P5CS* 基因等分别被导入草莓、烟草、水稻、小麦、马铃薯等植物中,得到了抗旱耐盐性提高的转基因植株;我国科研工作者先后克隆了包括脯氨酸合成酶、山菠菜碱脱氢酶、磷酸甘露醇脱氢酶及磷酸山梨醇脱氢酶等与耐盐相关的基因,通过遗传转化获得了耐 1% NaCl 的苜蓿,耐 0.8% NaCl 的草莓及耐 2% NaCl 的烟草,这些转基因植物已进入田间试验阶段;中科院遗传所将 BADH 基因导入水稻,获得的转基因水稻有较高的耐盐性,并能在盐田中结实。

为了进一步提高转基因植物的抗性,当前研究者的工作已不局限在由某一单一基因影响的某一个代谢步骤上,而开始探讨转录因子,即激活或抑制一类调节基因编码的 DNA 序列结合蛋白,使其激活或抑制多种功能基因,提高农作物对环境胁迫的调控能力。例如,从拟南芥中发现的一类与干旱、高盐及耐低温性有关的转录因子基因,能激活植物体内多种耐逆相关功能基因的表达,从而综合提高植物的抗逆性。

(2) 抗寒

温度是影响植物生存与分布的一个重要因素。如果温度过低,则农作物的生长会遭遇寒害,对经济作物来说影响是非常严重的。特别是在当前,地球环境温度变化幅度特别大,低温时不时地影响农作物的正常生长。如何提高农作物的抗寒能力是一个非常重要也特别有意义的课题,转基因抗寒植物便是这个课题中重要的一个方面。

植物抗寒基因工程的策略主要是:给植物导入抗冷诱导基因、脂肪酸去饱和酶基因、抗氧化酶基因等耐冷相关的基因,以降低植物对温度的敏感性。例如,将一种编码拟南芥叶绿体多肽冷诱导基因 *corl*5a 转入未经冷驯化的拟南芥细胞中,结果证明转基因植株叶绿体耐受低温能力提高,同时,在 5～8℃范围内,植株叶片原生质的成活率也得到提高;再有,据日本《农业技术》报道,日本北海道生物研究所将小麦过氧化氢酶用电击法导入水稻中,培育成耐低温水稻,与正常水稻相比,过氧化氢酶活性在 25℃时约提高 4.5 倍,在 5℃时约提高 1.5 倍。另外,有科学家已成功将北冰洋比目鱼的抗冻基因导入草莓中,并在美国上市销售;日本科学家利用基因工程手段提高植物脂肪酸去饱和酶的转录,使膜脂不饱和性增加,从而增加膜脂的流动性,提高抗寒性能。

## 二、转基因改良动物

利用转基因技术可以加快物种改良进程，“超级小鼠”的成功使人们找到了一条加速经济动物生产的新技术途径：利用转基因技术有可能在较短的时间内培育出具有各种优良性状的家畜品种，培育出对某种疾病具有抵抗能力的转基因动物等。

### 1. 生长性状发生改变

生长激素(GH)是脑垂体细胞分泌的一种肽类激素，它具有促进神经组织以外的所有其他组织生长，促进机体合成代谢和蛋白质合成，以及促进脂肪分解等生理功能。1982年，帕尔米特(Palmiter)将大鼠的GH基因导入小鼠受精卵的雄原核中，获得了比普通小鼠生长速度快2～4倍，体型大一倍的转基因“硕鼠”。此后，牛、绵羊、人的GH基因也先后导入小鼠基因组中，也同样获得成功，这些转基因小鼠在快速生长期(5～11周龄)的生长速度可达对照的4倍左右。1985年，研究者第一次将人的GH基因导入猪的受精卵，结果发现，转基因猪的生长速度和饲料利用效率明显高于同窝非转基因猪，且胴体脂肪率明显下降。我国学者用构建的GH基因表达载体进行基因转移，获得的转基因猪比同类非转基因猪的生长速度提高11.8%～14.2%，饲料利用率提高10%，瘦肉率也有所增加。当前，外源GH调节生长的机制被认为是可以刺激宿主动物胰岛素生长因子的合成与分泌。

### 2. 增加羊毛产量和性能

羊毛是一种动物纤维，由角朊蛋白组成。羊毛品质的好坏涉及羊毛的细度、长度、弯曲度、光泽度、颜色等诸多指标。如果从生物化学的角度分析，羊毛质量的好坏与其氨基酸的组成和含硫量相关。来源于细菌的丝氨酸乙酰转移酶(serine acetyltransferase，SAT)、D-乙酰丝氨硫化氢解酶(DAS)可以将二硫化物转化成半胱氨酸。以SAT、DAS基因建立转基因羊，并将其定位于胃肠道上皮，从而提高胃肠道中半胱氨酸的量并加以利用，可达到提高羊毛产量的目的。将毛角蛋白Ⅱ中间丝基因导入绵羊基因组，得到的转基因羊毛光泽亮丽，而且羊毛中的羊毛脂含量明显提高。

### 3. 动物抗病育种

理论上，对一些种属特异性的疾病，如果可以从其他抗病动物体中克隆出相应的疾病抗性基因，并将其转移给易感染动物品种，则有希望培育出抗病品系。例如，1988年有人将小鼠抗流感基因转入猪体内，使转基因猪增强了对流感疾病的抵抗能力。

在动物转基因抗病研究中，鸡的研究效果较显著。通过克隆特定病毒基因组中的某些编码序列，修饰后转入鸡的基因组，如果该基因能够表达，则鸡对该种病毒就具有一定的抵抗能力，或者能够减轻该病毒侵袭时的症状。例如，1989 年美国农业部以禽白血病病毒（ALV）为载体获得了抗 ALV 的新品系鸡。将 MX1 基因转移到鸡细胞中，使鸡获得了对禽流感的抗性；将马立克氏病病毒（MDV）mRNA 互补的一段寡核苷酸转移至鸡体内也获得阳性鸡。

# 第三节 食品方面应用

## 一、改良植物食品的食用品质

随着经济的发展和人们物质生活水平的提高，人们对食品的质量要求越来越高，包括营养、色泽、口感等许多方面。除了不断改善食品的加工工艺外，利用转基因植物生产更加适合开发的基本原料是当前食品产业的一个新的研究方向。科学家们按照人们的需求，已经对不同作物的蛋白质、碳水化合物、油脂、微量元素等营养物质含量进行了成功改良，且已获得许多有应用价值的转基因作物品系。具体如下：

（1）蛋白质

蛋白质是人体的重要营养元素之一，不同的食物中蛋白质的含量不同，特别是高品质的蛋白质差异更大。如果食物中蛋白质含量不高或者比例不恰当，可能导致蛋白营养不良。当前，研究者已借助转基因的方法，生产出营养价值合理的食品。例如，豆类植物中蛋氨酸含量低，但赖氨酸含量高，而谷物中蛋白质的含量却刚好相反，如将谷物中的相关基因转入豆类植物，就可得到蛋氨酸含量高的大豆；我国学者把玉米种子中一种能表达富含必需氨基酸的玉米醇溶蛋白基因导入马铃薯中，结果使马铃薯块茎中的必需氨基酸含量提高了 10%以上；美国科学家把一种高分子量的面筋蛋白基因导入普通小麦中，获得了含量更多的高分子量面筋蛋白质小麦。

（2）油脂

脂肪酸有饱和脂肪酸与不饱和脂肪酸，不同脂肪酸对人的健康有不同的影响。研究者通过对链长与饱和度的控制，调节油脂的成分，借此改变油脂的营养组成。例如，美国 DuPont 公司通过反义抑制或/和共同抑制油酸酯脱氢酶，成功开发高油酸含量的大豆油，这种油具有良好的氧化稳定性，适于用作煎炸油和烹调油。

（3）碳水化合物

通过改变高等植物中与淀粉合成有关的酶，如淀粉合成酶、ADP 葡萄糖焦磷酸酶等，就可调节食物中碳水化合物的含量，改变食物的营养组成比例。例如，Monsanto公司开发了淀粉含量提高了20%～30%的转基因马铃薯，油炸后吸油少，风味更好。

转基因研究在食品领域已经广泛应用。另外还有一些实例，如：北京大学的研究者将编码必需氨基酸的基因转入马铃薯，已获得有应用价值的转基因作物品系；中国农业大学的研究者成功地将高赖氨酸基因导入玉米，获得的转基因玉米中赖氨酸含量比对照组高10%；利用转基因技术在植物中表达编码半乳糖内脂脱氢酶的基因，可以提高维生素C的水平；利用转基因技术改良曲霉、酵母等微生物菌种，通过发酵可生产食品添加剂和加工助剂，或者直接用于酱油和奶制品等的生产，达到提高产量或改善风味等目的，现已获准商业化使用转基因面包酵母和啤酒酵母。

为能更好地了解转基因农作物开发的比较详尽的例子，下面以资料报道的转基因黄金水稻为例，概要介绍研制流程。

在世界最贫穷的人口中，维生素A缺乏症每年导致50万人永远失明和多达100万人死亡。转基因黄金水稻(golden rice)就是为了抵抗这一疾病而产生的。水稻未成熟胚乳能够合成β-胡萝卜素的早期中间产物牻牛儿基牻牛儿基焦磷酸(geranylgeranyl diphosphate, GGPP)，它能在八氢番茄素合成酶(phytoene synthase,PSY)的作用下形成无色的八氢番茄红素，在八氢番茄红素脱饱和酶(phytoene desaturase,PDS)(原核生物的PDS有两种类型，即CrtI型和CrtP型)的作用下形成番茄红素，经番茄红素β-环化酶(β- lycopenecyclase,LYC)的作用产生β-胡萝卜素及其他胡萝卜素。因此，要使水稻胚乳能够合成β-胡萝卜素，就需要将外源的PSY基因、PDS和LYC基因以及相应的启动子和其他调控序列转化到水稻中。利用源于细菌的八氢番茄红素脱饱和酶基因CrtI，以及源于黄水仙的PSY和LYC，以不同的基因组合插入三种载体中，CrtI受*CaMV*35S启动子的控制，PSY和LYC则受胚乳转移性的水稻谷蛋白启动子控制，同时，这些载体中的功能性转运肽序列能引导基因产物进入胚乳质体，确保最终产物在胚乳中形成。应用农杆菌转化，转基因粳稻台北309所结种子的胚乳中含β-胡萝卜素，呈现金黄色，因此被称为金米。初步分析表明，胚乳中的类胡萝卜素含量达1.6 μg/g，其中以β-胡萝卜素为主。

## 二、果蔬贮藏、保鲜

乙烯是植物果实成熟时重要的内源激素，可迅速导致果实皱缩和腐烂。如能控制蔬菜或水果中乙烯的合成速度，则可有效延长果实的成熟状态与保质期。

植物细胞中的乙烯是由 S-腺苷甲硫氨酸经氨基环丙烷羧酸酶 ACC 和乙烯合成酶 EFE 催化裂解而成(图 3-6)。20 世纪 90 年代初,科学家采用反义 RNA 技术封闭番茄细胞中上述两个酶编码基因的表达,由此构建出的重组番茄的乙烯合成量分别仅为野生植物的 3%和 0.5%,明显延长了番茄的保存期。目前,类似的研究已经扩展到草莓、苹果、香蕉、芒果、甜瓜、桃子、生梨等多种水果。

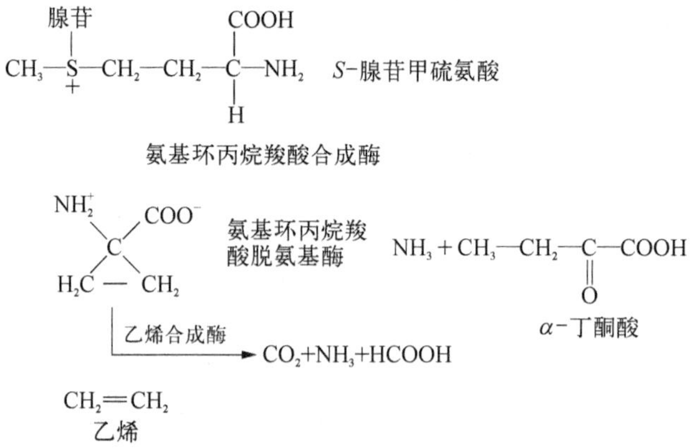


图 3-6 植物细胞中乙烯的合成
(引自张惠展,2010)

在控制植物果实发育的基因工程中,华中农业大学获得了延迟成熟的转基因番茄,与未转基因番茄相比,显著延长了贮存时间,1997 年农业部基因工程安全委员会已批准这种耐储存番茄进行商业化生产。

另外,植物的成熟果实的细胞中往往会大量表达半乳糖醛酸酶(PG),它能水解果胶而溶解植物的细胞壁结构,使果实易于损伤,因此,降低细胞中 PG 的合成速度能有效防止果实的过早腐烂。依据这一原理可构建保质期较长的转基因植物。具体做法是:将 PG cDNA 的 5′端区域反向接在 *CaMV* 启动子的下游,构成表达 PG 反义 RNA 的基因,并与大肠杆菌-根瘤农杆菌 Ti 穿梭质粒重组,重组分子由根瘤农杆菌导入到番茄细胞。这种转基因番茄能大量表达 PG 的反义 RNA,有效阻断了细胞内 PG 的生物合成。

## 三、"食品疫苗"的生产

通常,疫苗是采用灭活的病毒或细菌,或是具有抗原成分的多糖或蛋白质研制而成。利用转基因植物生物药用的"食品疫苗"日益受到各国重视,有望发展为一个新的产业。目前,香蕉、番茄、烟草、马铃薯、莴苣等植物都已被用来生产食用疫苗。如中国农业科学院生物技术研究所的研究人员将乙型肝炎病毒表面抗原基因导入马铃薯和番茄，饲喂小鼠试验检测到较高的保护性抗体，浓度足以对人类产生保护作用。利用转基因植物生产口服疫苗可以大大降低疫苗的生产成本，在发展中国家有更良好的发展前景。科学家预言，将来儿童在预防接种时，不用打针，只需要食用某种转基因水果或食品就能达到免疫目的。

# 第四章　转基因生物的安全性评价

转基因生物(GMO)给人们带来了巨大的经济和社会效益，但是由于其与传统生物相比，采用转基因技术导入的目的基因可来自植物、动物和微生物，突破了天然生理性的生殖和基因重组障碍，使得基因可以在所有的生物体中转移。然而，目前的科学水平还不能精确地预测外来基因在新的遗传背景下可能产生的相互作用，尤其是对生物多样性、生态环境及人体健康的影响。因此，转基因生物的安全性问题越来越受到各国政府、消费者的重视和关注，世界各国都提出对转基因生物进行安全性评价，并将其作为转基因安全管理工作的核心与基础。

## 第一节　转基因食品食用安全性评价的原理及依据

根据世界卫生组织的定义，转基因食品(genetically modified food，GMF)又称基因修饰食品、生物工程食品、新型食品，指利用基因工程技术改变基因组构成的动物、植物和微生物生产的食品和食品添加剂等，主要包括转基因动物、植物、微生物及其加工品，以转基因动物、植物、微生物或其直接加工品为原料生产的食品和食品添加剂等。各国政府、学术界和消费者对由于基因插入可能带来的新的食用安全性问题给予了极大关注。

### 一、转基因食品存在的主要风险

#### 1. 转基因食品的过敏性

自然界中存在大量的过敏物质，世界上由 IgE 介导引起过敏反应的常见食物有：鱼类、花生、大豆、牛奶、蛋、甲壳纲、小麦和核果类，绝大多数过敏源都是蛋白质，约占过敏反应的 90%。同时，食品过敏是世界性的公共卫生问题，全球有近 2%的成年人和 4%～6%的儿童有食物过敏史，转基因食品可被引入一种或几种蛋白质，这些外源蛋白质可能导致过敏，甚至是产生新的致敏原。

**2. 食品营养成分的改变**

新转入的目的基因由于其自身的稳定性及插入受体生物基因组位置的不确定性，可能导致转基因食品的营养成分构成发生变化，甚至产生新的有毒物质等。

**3. 标记基因的转移**

标记基因主要用于生物遗传转化中筛选和鉴定转化的细胞等，常用的标记基因主要包括抗生素抗性基因及除草剂抗性基因等。目前标记基因及其蛋白产物对人体的危害，主要是标记基因是否会转移到人畜肠道的微生物菌群中，一方面引起菌群种类和数量的变化，从而影响人的正常消化功能；另一方面使致病菌产生耐药性，影响人类健康。

## 二、转基因食品食用安全性评价的原则

转基因食品作为一种新型食品，在我国的法律及法规中将此类食品称为"新资源食品"，其食用安全性引起了各国政府的高度重视，目前世界各国对转基因食品进行安全性评价时，采用的原则主要有：

**1. 科学原则**

科学原则是首先需要遵循的原则，基于科学基础的食品安全性评价会对整个转基因技术和产业的发展起到关键的推动作用，对转基因生物安全进行评价必须基于严谨的态度和科学的方法，利用先进的技术和科学的生物安全评价方法，通过严格的科学实验，认真收集科学数据和对数据进行科学的统计分析，获得严谨的科学结论。

**2. 危险性评估原则**

危险性评估原则基本原理是按照危害的识别、危害的特征描述、暴露量的评估和危险特征的描述等程序，对可能危害人类健康的因素在食品中的存在、含量、来源和危害程度进行评估，以确定该危害因素的危险性。

**3. 预先防范原则**

预先防范原则是在科学不确定性的条件下用于做出实际决定的标准原则。转基因技术作为现代分子生物学的重要组成部分，在技术建立初期，20 世纪 60 年代末斯坦福大学教授 P. Berg 应用来自细菌的一段 DNA 与猴病毒 SV40 的 DNA，获得了世界上第一例重组 DNA，由于 SV40 病毒是一种肿瘤病毒，可转化正常培

养的人体细胞，给人类健康带来巨大风险。基于转基因技术的特殊性，对转基因生物及其产品必须以预先防范作为风险性评估的原则。

### 4. 实质等同性原则

国际粮农组织(FAO)、世界卫生组织(WHO)和欧洲经济合作与发展组织(OECD)等不同的国际机构提出转基因食品食用安全性评价需采用实质等同性原则，并规定在进行实质等同性评价时，不仅要考虑物质的种类及含量差异，还要考虑其农艺性状、形态学特点和遗传特性。对转基因食品而言，实质等同性本身不是危险性分析，是对新的转基因食品与传统食品相对的安全性比较，常规食品由于具有多年的安全食用历史，因此可作为参照物对转基因食品进行比较、评价，通过比较可说明转基因食品与同类常规食品相比是否安全。实质等同性评价是一种动态的、长期的过程，其核心是“相互比较”，比较的两个方面主要是转基因食品的营养价值和安全性，主要包括表型性状、分子特性、主要营养成分及抗营养因子、毒性物质及过敏物等。

目前，采用实质等同性原则评价转基因食品安全性主要得到如下三种结论：

1) 转基因食品与传统对照食品或原料实质等同，应认为其与市售食品一样安全，这类食品不需要进一步的安全性评价；

2) 转基因食品与传统对照食品或原料十分相似，除插入的性状外，该产品与传统食品具有实质等同性，需对特定的差异进行安全性评价；

3) 转基因食品与传统对照食品完全不同，这类转基因食品或原料需作深入的安全性评价，需要全面分析新食品的营养性和安全性。目前还没有发现重组DNA技术产生的食品与传统食品无实质等同性的例子，但随着生物技术的发展，某些转基因食品可能与传统食品无实质等同性或不适于用实质等同性原则进行评价。

### 5. 个案分析原则

对转基因生物进行生物安全性评价的过程中，针对具体的外源基因、受体生物、转基因操作方式和转基因生物的特性等进行具体的研究和评价，对不同的个案应采取不同的评价方法，通过综合全面的考察得出准确的评价结果。

由于转基因食品的研发采用不同的技术路线，选择不同的供体、受体和转入不同的目的基因，在相同的供体和受体中也会采用不同来源的目的基因，因此，用个案原则分析和评价食品安全性可以最大限度地发现安全隐患，保障食品安全。

### 6. 逐步评估原则

转基因生物及其产品的研发主要包括实验室研究、中间试验、环境释放、生产性试验和商业化生产等几个环节。逐步评估原则要求对转基因生物及其产品依次在每个环节上进行风险评价，并以前一步试验累积的相关数据和结果作为依据来判定是否进行下一阶段的开发研究。目前，逐步评估原则主要在两个层次上进行，第一，对转基因产品分阶段审批，在不同的评价阶段要解决的安全问题不同；第二，转入目的基因带来的安全性问题，如毒性、致敏性、标记基因的毒性、抗营养成分或天然毒素等，评价也要分步骤进行。根据逐步评估的原则，每一阶段有三种可能：① 转基因生物及其产品可以进入下一阶段的开发、评价；② 转基因生物及其产品暂时不能进入下一阶段的开发、评价，在本阶段需要进一步补充必要的数据和信息；③ 转基因生物及其产品不能继续进行开发、研究。逐步评估原则可以提高效率，在最短的时间内发现可能存在的风险，降低研发成本。

**7. 风险效益平衡原则**

世界上并不存在绝对安全的食品，转基因技术作为一项新技术，一方面带来巨大的经济和社会效益；一方面其带来的风险也不容忽视，必须始终考虑危险与效益的平衡，综合进行评估，在获得最大利益的同时，将风险降到最低。

**8. 熟悉性原则**

在进行转基因生物的安全性评价之前，充分了解转基因食品有关性状、预定用途等背景知识，采用已知的管理程序，可使转基因生物及其产品的风险评价工作在相对较短时期内完成，并对其潜在风险进行充分评估。同时，熟悉是个动态的过程，不是绝对的，随着人们对转基因生物及其产品的认识和评价经验的积累而逐步加深。

## 第二节　转基因食品食用安全性评价方法

为保障转基因食品对人类的健康安全，促进生物技术的可持续发展，各国政府均在转基因食品上市前对转基因生物的食用安全进行全面的评估，以确保转基因食品的安全，防止具有潜在风险的转基因食品进入消费市场。一般来说，转基因生物在批准商业化生产前需要进行如下方面的食品安全评估：

### 一、转基因食品的营养学评价

食品能提供人类生存所必需的能量和各类营养物质，因此，对营养成分的评价是转基因食品安全性评价的重要内容。同时，根据转基因食品的种类及对人类营养的主要成分，不仅评价转基因食品的营养成分及其含量，还要求进一步评价各种营养素的生物利用率，新引入营养物质组成、安全性及营养价值，转基因食品在不同人群膳食中的地位等。

### 1. 营养成分评价

外源基因的插入是否会影响食品的营养成分是转基因食品营养学评价的首要问题，抗虫害、抗除草剂食品是目前全球最多的转基因食品，按照实质等同性原则，此类食品与原始品种在营养成分、抗营养因子和化学性质等方面是否具有一致性，是判定该类转基因食品在使用安全性和营养水平上是否安全的第一步。对于改善营养品质的转基因食品，除对主要营养成分进行分析外，还需进一步对增加的营养成分做膳食暴露量和最大允许摄入量的分析与实验。同时，对转基因食品主要营养成分的分析，在遵循实质等同性原则的基础上，需充分考虑世界各国及历史上栽培品种的相关营养成分的比较。

Padgette 等对含有草甘膦除草剂基因的大豆(40－3－2 大豆)进行了一系列分析测试，结果表明，原始大豆和 40－3－2 大豆中蛋白质含量分别为 41.5%和 41.4%、灰分为 5.36%和 5.43%、水分 6.12%和 6.34%、脂肪为 20.11%和 20.42%、纤维 6.71%和 6.63%、碳水化合物为 33.0%和 32.7%，结果表明其营养成分与原始大豆相比无明显差异；瑞士先正达公司开发出富含 β-胡萝卜素的转基因大米，可作为维生素 A 合成的前体，长期食用这种新型转基因大米可使儿童避免维生素 A 缺乏和失明，对此类转基因食品的营养学评价，应对除目标性状 β-胡萝卜素以外的其他维生素及营养成分采取实质等同性原则和充分考虑历史、地理已有数据的比对，还需对目标性状 β-胡萝卜素进行单独的营养学评价。从目前的文献资料看，除了新引入成分会有较大的变化外，转基因食品与普通食品相比，营养成分的变化较小。

### 2. 抗营养成分评价

食品中不仅含有大量的营养物质，也含有广泛的非营养性化学物质，当其超过一定量时则是有害的，通常称为抗营养因子，因此对转基因食品中的抗营养因子的含量进行分析是必要的。目前研究表明，大多数抗营养因子的有害作用是由未加工的食物引起的，经过加热、浸泡和发芽等简单处理，其有害作用都会消失。

几乎所有的植物性食品中都含有抗营养因子，目前已知的抗营养因子主要有蛋白酶抑制剂、植酸、凝集素、芥酸、棉酚、单宁等。Padgette 等研究发现，抗除草剂 40－3－2 大豆中抗胰蛋白酶因子、植物凝集素等抗营养因子的含量与对照大豆接近，分别为 22.6 mg/g 和 23.7 mg/g、1.2 hu 和 1.0 hu。Novar 等总结了近年来有关转基因食品中抗营养因子的研究，认为从食品本身的多样性考虑，转基因食品中天然有毒物质和抗营养因子的含量范围与相应的原始品种基本一致。

### 3. 转基因食品营养素的生物利用率

食品中营养素的生物利用率(bioavailability)是指营养素被人体消化和吸收利用的部分,通常用来评价营养素的实际营养价值。提高普通食品中特定营养素的含量、减低抗营养因子对营养素的限制是利用转基因技术改善食品品质的重要应用。因此,对转基因食品进行营养学评价时,对转基因食品营养素的生物利用率的评价不容忽视。如玉米中植酸含量高可限制微量元素铁、磷等的吸收利用,利用转基因技术降低食品中植酸的含量可提高这些微量元素的生物利用率;Mendoza 等将低植酸的转基因玉米喂养动物,发现铁的吸收比普通玉米提高了 50%;Spencer 等用低植酸玉米喂养猪 35 d,比较了玉米中磷的生物利用率和表观消化率,发现与普通玉米相比,磷的吸收率提高了 53%,同时发现不添加磷的低植酸玉米饲料比不添加磷的原型玉米饲料喂养的猪表现出更好的生物学性状,如增重更多、饲养效率更高等,结果表明,通过转基因技术抑制玉米中植酸的表达可促进磷、铁元素的吸收,且未出现非预期的不良生物学效应。目前研究表明,转基因食品与对照食品相比除了预期营养性状改变而致的生物利用率改变以外,其他方面基本上是实质等同的。

## 二、转基因生物非期望效应的检验

转基因食品的安全性主要决定于插入基因编码蛋白的功能及其与人体健康的关系:外源基因的插入对受体生物原有基因表达的干扰,比如使生物中原来未表达的基因表达,其表达产物(一般为蛋白质)可能有害;对原有编码营养素的基因表达下调或不表达,导致营养价值下降;对原有编码毒素的基因表达上调,从而产生更多的毒素。这些可能的改变就是转基因生物的非期望效应,要加以检测和评价,其中转基因生物非期望效应的测定是其安全性评价的前提。

根据 FAO 和 WHO 的定义,转基因生物非期望效应指的是由外源基因整合于生物体基因组导致的非目标性的性状改变,主要包括与基因工程的设计目标无关的各种遗传性状,如新成分的产生或原有特性的丧失等,或者是由于基因插入后对代谢过程酶的调节对生物表型产生的影响,主要分为可预料的非期望效应和不可预料的非期望效应;其中一部分性状变异基于目前对生物学、代谢途径等的认识可以解释或预见,称为可预料的非期望效应;然而,大部分性状变异为超出人类目前认识水平的不可预料的非期望效应。

尽管 FAO、WHO、OECD、联合国食品法典委员会(CAC)、欧盟(EC)等国际组织对转基因生物非期望效应的定义并不完全相同,但都普遍认为非预期效应,尤其是潜在的、非预见性的非预期效应可能是影响包括转基因生物在内的所有现代生物技术产品食用安全的最重要的因素。在其颁发的管理法规、安全性评价原则及技术方案中，非预期效应的检验和评价都被列为重要内容。我国颁发的《农业转基因生物安全评价管理办法》和《转基因植物及其产品食用安全性评价导则》也将非期望效应列为必须检验和评价的指标。同时，在转基因生物食用安全性评价的诸多项目中，非预期效应的评价是难度最高的，其原因在于转基因生物的非期望效应具有显著的难以预测性，导致难以建立公认一致的转基因生物非期望效应的评价模式。因此，长期以来对转基因生物的非期望效应无法进行规范的评价和监管。

非期望效应的研究作为转基因生物安全性研究的前沿课题，目前主要的测定方法包括定向和非定向两种方法。

### 1. 定向方法

主要是基于比较和分析转基因生物与对照生物在一些重要营养素和危害成分含量方面的差异，作为实质等同性概念的一部分，该方法是目前转基因生物非期望效应评价的重要模式，其中，营养成分包括蛋白质、脂肪、纤维、灰分、碳水化合物、水分、维生素等宏量营养素和微量营养素，而危害成分则是受体植物已知的抗营养因子，如大豆的消化抑制剂、植物凝血素、染料木因、黄豆苷、植酸盐、棉子糖、水苏糖、茄碱等。使用定向方法进行转基因生物特定成分的比较分析，选择要分析的检测对象和技术是定向分析的第一步，如采用气相色谱或高效液相色谱法检验某些特定和关键的食物营养成分、抗营养因子和毒性成分等。此外，定向方法仅适用于已知植物成分、目标性状和可预见的非期望效应的筛查。

### 2. 非定向方法

针对定向方法存在的缺点，近年来转基因生物非期望效应评价更多地开始尝试采用功能基因组学、蛋白质组学和代谢组学。例如，应用蛋白质组学技术筛查转基因马铃薯与受体马铃薯的差异蛋白质，应用代谢组学技术筛查转基因拟南芥与受体拟南芥的差异代谢产物，通过转录谱分析技术筛查转基因小麦、拟南芥、大豆与其相应受体之间的差异表达基因等。因此，一种以“谱学(omic)”为基础的测定转基因植物非预期效应的非定向方法已经逐步形成而且备受关注。

(1) 功能基因组学(functional genomics)

功能基因组研究的是被转录基因和相关调控元件的功能，研究的方法包括差异显示反转录 PCR、基因表达序列分析 SAGE、DNA 微阵列、遗传足迹法、反向遗传学、蛋白质组、生物信息学等，其中 DNA 微阵列具有高通量、高灵敏度、高效率的优点而成为理想选择。

(2) 蛋白质组学(proteomics)

蛋白质组学是以蛋白质组为研究对象的研究领域，蛋白质组是在一种细胞内存在的全部蛋白质。蛋白质组学实质上是三大技术的融合，即高分辨双向电泳(2-DE)、图像分析、质谱(MS)。目前主要应用于3个领域：确定蛋白前体以及翻译后修饰、差异显示蛋白质组以确定蛋白质量上的变异、研究蛋白质与蛋白质的交互作用。

蛋白质组学方法完善了其他组学方法，对理解发育结构和代谢很关键，随着数据库的扩大和完善，从双向蛋白电泳凝胶上确定蛋白的能力会不断增强，蛋白质组学技术将成为检测转基因生物非期望效应的很有前途的方法。除此之外，蛋白质组学方法能用于确定前体翻译后修饰和蛋白质的降解产物，蛋白质组学方法结合人血清免疫印迹方法能够确定作物或食物成分，如乳化剂和泡沫稳定剂中的潜在过敏原，结合免疫学检测方法可以确定新的融合蛋白是不是产生于转基因整合位点。

(3) 代谢组学(metabolomics)

细胞中代谢物的总和叫做代谢组，代谢组学研究的是生命个体对环境刺激或遗传修饰所做出的所有代谢应答的量度。目前代谢组学用到的主要技术主要有色谱技术(气相色谱、液相色谱)、核磁共振、GC-MS等。其中，GC-MS由于可对未知结构的代谢物定量和用特征离子对有相似保留时间的(不同特征离子)不同组分进行定量，已成为目前最广泛使用的方法。NMR也是当前代谢组学研究中的主要技术，它的优势在于能够对样品实现非破坏性、非选择性的分析。H-1NMR对含氢化合物均有响应，能完成代谢产物中大多数化合物的检测，满足了代谢组学中的对尽可能多的化合物进行检测的目标。

总之，组学技术通过对转基因作物的整个功能基因组、蛋白质组以及代谢组进行分析，将结果与非转基因亲本进行比较，是对“实质等同性”概念为基础的定向评价方法的重要补充。组学技术大大增加所分析化合物的数量，由此降低不确定性，是非定向、无偏倚的检测非期望效应的有效方法，是转基因食品安全评价进一步完善的发展方向。

## 三、转基因食品的毒理学评价

生物体在进化过程中往往会产生因突变而不再发挥作用的新陈代谢途径——沉默途径(silence pathway)，其产物或中间物可能含有毒素，通常情况下，这类途径很少发生变异、染色体重组或被新调控区所激活。但是，从理论上讲，在转基因生物中，任何外源基因的插入都有可能导致遗传工程体产生不可预知或意外的变化，其中包括多向效应，如沉默途径因为新基因的插入有可能被激活，低水平的毒素可能在转基因生物中被高含量表达，甚至以前未产生的毒素也可能因此产生，引起急性或慢性中毒。

因此，对转基因食品的毒理学评价是转基因食品研发的重要评价环节，对外源基因进行评价，确保已知毒素、抗营养因子等有毒物质基因不被导入转基因食品中。目前，对外源基因表达蛋白的检测评价一般有 3 个指标：① 通过与国际权威大型公共数据库中已知的毒性蛋白进行核酸和蛋白质氨基酸序列的同源性比较，分析是否具有潜在的毒性，外源基因表达蛋白质与已知有安全食用历史的蛋白质不相似时，应进行经口毒理学试验，并评价其在转基因植物体内的生物学功能；② 在加热条件下和胃肠消化液中，检测分析外源基因表达蛋白质是否稳定或抗消化；③ 采取急性经口毒性试验评价外源基因表达产物是否具有毒性，采用亚慢性毒性试验(30 d 或 90 d 大鼠喂养试验)对转基因全食品毒性进行检测和评价。如，美国、日本、欧盟等国家和地区批准种植或进口的转基因大豆、玉米、油菜等毒理评价均从这三方面进行了评价。转基因植物及其产品中新生成的物质包括蛋白质、脂肪、碳水化合物、维生素、代谢产物及其他成分，在进行毒理学评价时，可以使用从转基因植物及其产品中分离的物质，或通过其他途径产生在结构和功能上与转基因植物及其产品中该物质完全相同的物质。同时，转基因植物及其产品新生成物质毒理学评价应考虑新生成物质在植物可食部分的含量及不同人群的暴露水平，估算人群的最大可能摄入水平，进一步对一些转入特殊功效成分的转基因食品或未曾安全食用过的新物质根据个案分析的原则进行毒理学检测试验，如遗传毒性试验、传统致畸试验、繁殖试验和代谢试验等。

### 1. 新表达物质毒理学评价

(1) 新表达蛋白资料

提供新表达蛋白质(包括目标基因和标记基因所表达的蛋白质)的分子和生化特征等信息，包括分子质量、氨基酸序列、翻译后的修饰、功能叙述等资料。表达的产物若为酶，应提供酶活性、酶活性影响因素(如 pH、温度、离子强度)、底物特异性、反应产物等；提供新表达蛋白质与已知毒蛋白质和抗营养因子(如蛋白酶抑制剂、植物凝集素等)氨基酸序列相似性比较的资料；提供新表达蛋白质热稳定性试验资料，体外模拟胃液蛋白消化稳定性试验资料，必要时提供加工过程(热、加工方式)对其影响的资料；若用体外表达的蛋白质作为安全性评价的试验材料，需提供体外表达蛋白质与植物中新表达蛋白质等同性分析(如分子量、蛋白测序、免疫原性、蛋白活性等)的资料。

(2) 新表达蛋白毒理学试验

当新表达蛋白质无安全食用历史，安全性资料不足时，必须提供急性经口毒性资料，28 d 喂养试验毒理学资料视该蛋白质在植物中的表达水平和人群可能摄入水平而定，必要时应进行免疫毒性检测评价。如果不提供新表达蛋白质的经口急性毒性和 28 d 喂养试验资料，则应说明理由。

(3) 新表达非蛋白质物质的评价

蛋白质以外无安全食用历史的其他成分的潜在毒性评价应参照传统毒理学方法进行,包括毒物动力学、遗传毒性、亚慢性毒性、慢性毒性/致癌性、生殖发育毒性评价。

(4) 摄入量估算

应提供外源基因表达物质在植物可食部位的表达量,根据典型人群的食物消费量,估算人群最大可能摄入水平,包括同类转基因植物总的摄入水平、摄入频率等信息。进行摄入量评估时需考虑加工过程对转基因表达物质含量的影响,并应提供表达蛋白质的测定方法。

**2. 毒理学检验的内容与方法**

**第一阶段**:急性毒性试验。

经口急性毒性:$LD_{50}$,联合急性毒性,最大耐受剂量法。

**第二阶段**:遗传毒性试验,传统致畸试验,30 d 喂养试验。

遗传毒性试验的组合应该考虑原核细胞与真核细胞、体内试验与体外试验相结合的原则。从 Ames 试验或 V79/HGPRT 基因突变试验、骨髓细胞微核试验或哺乳动物骨髓细胞染色体畸变试验、TK 基因突变试验和小鼠精子畸形分析或睾丸染色体畸变分析试验中分别各选一项。

鼠伤寒沙门氏菌/哺乳动物微粒体酶试验(Ames 试验)或 V79/HGPRT 基因突变试验,Ames 试验首选,必要时可另选其他试验。

骨髓细胞微核试验或哺乳动物骨髓细胞染色体畸变试验。

TK 基因突变试验。

小鼠精子畸形分析或睾丸染色体畸变分析。

其他备选遗传毒性试验:显性致死试验、果蝇伴性隐性致死试验、非程序性 DNA 合成试验。

传统致畸试验。

30 d 喂养试验。如受试物需进行第三、四阶段毒性试验者,可不进行本试验。

**第三阶段**:亚慢性毒性试验——90 d 喂养试验、繁殖试验、代谢试验。

**第四阶段**:慢性毒性试验(包括致癌试验)。

转基因食品作为一种新资源食品,原则上应进行第一、二、三个阶段毒性试验,以及必要的人群流行病学调查。必要时应进行第四阶段试验。若根据有关文献资料及成分分析,未发现有毒或毒性甚微不至构成对健康损害的物质,以及较大数量人群有长期食用历史而未发现有害作用的动、植物及微生物等(包括作为调料的动、植物及微生物的粗提制品)可以先进行第一、二阶段毒性试验,经初步评价后,决定是否需要进行进一步的毒性试验。

目前，我国批准的转基因水稻和玉米均对外源基因表达产物和转基因全食品进行毒理学检测和评价。试验数据证明食用该转基因水稻、玉米与非转基因对照同样不具有毒理学意义上的安全风险。实际上，我国批准的转基因水稻还进行了遗传毒性、慢性毒性、传统致畸、三代繁殖等毒理学试验，安全检测指标已经超出了欧美发达国家和国际食品法典委员会、世界卫生组织等建议的评价内容要求。这些毒理学试验均证明转基因水稻“华恢 1 号”及“Bt 汕优 63”是安全的。

### 3. 毒理学评价的目的和结果判定

(1) 急性毒性试验

测定 $LD_{50}$，了解受试物的毒性强度、性质和可能的靶器官，为进一步进行毒性试验的剂量和毒性观察指标的选择提供依据，并根据 $LD_{50}$ 进行毒性分级。结果判定：如 $LD_{50}$ 小于人的可能摄入量的 10 倍，则放弃该受试物用于食品，不再继续其他毒理学试验。如大于 10 倍，可进入下一阶段毒理学试验。

(2) 遗传毒性试验

对受试物的遗传毒性以及是否具有潜在致癌作用进行筛选。结果判定：如三项试验(Ames 试验或 V79/HGPRT 基因突变试验，骨髓细胞微核试验或哺乳动物骨髓细胞染色体畸变试验)中，体内、体外各有一项或以上试验阳性，则表示该受试物很可能具有遗传毒性和致癌作用，一般应放弃该受试物应用于食品。

如三项试验中一项体内试验为阳性或两项体外试验阳性，则再选两项备选试验(至少一项为体内试验)。如再选的试验均为阴性，则可继续进行下一步的毒性试验；如其中有一项试验阳性，则结合其他试验结果，经专家讨论决定，再做其他备选试验或进入下一步的毒性试验。

如三项试验均为阴性，则可继续进行下一步的毒性试验。

(3) 致畸试验

了解受试物是否具有致畸作用，如王忠华、王茵和薛大伟等采用了微核、精子畸变和组氨酸营养缺陷型鼠伤寒沙门氏菌株回变菌落数(Ames)等细胞水平的试验分别对转 Bt 水稻和转 Bar 基因水稻进行了致畸性试验研究，没有发现转基因水稻的非期望效应。

(4) 30 d 喂养试验

对只需进行第一、二阶段毒性试验的受试物，在急性毒性试验的基础上，通过 30 d 喂养试验，进一步了解其毒性作用，观察对生长发育的影响，并可初步估计最大未观察到有害作用剂量。结果判定：对只要求进行第一、二阶段毒理学试验的受试物，若短期喂养试验未发现有明显毒性作用，综合其他各项试验结果可作出初步评价，若试验中发现有明显毒性作用，尤其是有剂量-反应关系时，则考虑进行进一步的毒性试验。

（5）亚慢性毒性试验——90 d 喂养试验，繁殖试验

观察受试物以不同剂量水平经较长期喂养后对动物的毒性作用性质和作用的靶器官，了解受试物对动物繁殖及对子代的发育毒性，观察对生长发育的影响，并初步确定最大未观察到有害作用剂量和致癌的可能性；为慢性毒性和致癌试验的剂量选择提供依据。结果判定：根据 90 d 喂养试验、繁殖试验、传统致畸试验这三项试验中的最敏感指标所得最大未观察到有害作用剂量进行评价，最大未观察到有害作用剂量小于或等于人的可能摄入量的 100 倍表示毒性较强，应放弃该受试物用于食品；最大未观察到有害作用剂量大于 100 倍而小于 300 倍者，应进行慢性毒性试验；大于或等于 300 倍者则不必进行慢性毒性试验，可进行安全性评价。

对转基因作物进行 90 d 动物喂养的亚慢性毒理学试验，是 FAO、WHO 对转基因作物进行食用安全性评价的推荐方法，而在我国农业部颁布的《转基因植物及其产品食用安全检测》标准中，大鼠 90 d 喂养试验已经作为转基因产品食用安全性评价工作必不可少的一部分。同时，根据农业部最新规定，大鼠的 90 d 喂养试验需要设置三个剂量组，并且最高剂量组是不影响膳食平衡的最大添加量，目前我国是按照最大饮食剂量来设置。

（6）代谢试验

了解受试物在体内的吸收、分布和排泄速度以及蓄积性，寻找可能的靶器官；为选择慢性毒性试验的合适动物种（species）、系（strain）提供依据，了解代谢产物的形成情况。

（7）慢性毒性试验和致癌试验

了解经长期接触受试物后出现的毒性作用以及致癌作用，最后确定最大未观察到有害作用剂量，为受试物能否应用于食品的最终评价提供依据。结果判定：根据慢性毒性试验所得的最大未观察到有害作用剂量进行评价的原则是：最大未观察到有害作用剂量小于或等于人的可能摄入量的 50 倍者，表示毒性较强，应放弃该受试物用于食品；最大未观察到有害作用剂量大于 50 倍而小于 100 倍者，经安全性评价后，决定该受试物可否用于食品；最大未观察到有害作用剂量大于或等于 100 倍者，则可考虑允许使用于食品。根据致癌试验所得的肿瘤发生率、潜伏期和多发性等进行致癌试验结果判定的原则是：凡符合下列情况之一，并经统计学处理有显著性差异者，可认为致癌试验结果阳性。若存在剂量-反应关系，则判断阳性更可靠；肿瘤只发生在试验组动物，对照组中无肿瘤发生；试验组与对照组动物均发生肿瘤，但试验组发生率高；试验组动物中多发性肿瘤明显，对照组中无多发性肿瘤，或只是少数动物有多发性肿瘤；试验组与对照组动物肿瘤发生率虽无明显差异，但试验组中发生时间较早。

食品毒理学评价程序和方法是一个传统的标准方法，由于转基因生物的特殊性，在对转基因食品进行毒理学评价时，并不需要完全按照“毒理学评价程序与方

法”做所有试验，而是根据急性经口毒性试验、亚慢性毒性试验的结果决定是否进行其他试验。

## 四、转基因食品致敏性检验

转基因生物食用潜在致敏性是转基因生物食用安全性评价的焦点问题，导致转基因生物产生致敏性的原因主要是转入基因表达的蛋白具有致敏性和转入基因的表达产生新的致敏原。如果将控制过敏原合成的基因转入新的植物中则会对过敏人群造成不利的影响，如将巴西坚果中的2S蛋白基因转入大豆，可使大豆中含硫氨基酸的含量得到提高，对巴西坚果2S蛋白进行聚丙烯酰胺凝胶电泳和与巴西坚果过敏者的血清进行免疫杂交，证明该蛋白是主要过敏原，显示这种转基因大豆可能引起人的过敏性反应。

目前，对转基因生物致敏性评价总的原则是：采用危险性评价（risk assessment）、实质等同性分析（substantial equivalence）、个案处理（case by case）和逐步完善（step by step）等；对在转基因植物及其产品中出现的因基因修饰表达的蛋白质，应遵循整体、分步和个案分析的原则，对其潜在致敏性进行综合评价。

外源基因表达蛋白质致敏性评价，通常包括三项内容。

- 来源：根据基因供体生物致敏性的信息，确定评价致敏性所采用的方法和数据。基因供体生物致敏性信息包括可获得的筛选血清、过敏类型、过敏反应程度和频度、外源基因表达蛋白质结构特征和氨基酸序列、外源基因表达蛋白质物理化学性质和免疫学特性。
- 氨基酸序列的同源性：外源基因表达蛋白质与已知致敏原氨基酸序列的同源性比较。对于来源于已知致敏原或与已知致敏原具有序列同源性的蛋白质，如果可获得过敏血清，可采用免疫学方法评价；对于来源于非已知致敏原或与已知致敏原不具有序列同源性的蛋白质，必要时，应进行目标血清的筛选。
- 稳定性：外源基因表达蛋白质在加工过程和胃肠消化系统中的稳定性。

### 1. 转基因食品过敏性分析方法

国际食品生物技术委员会和国际生命科学研究院过敏性和免疫研究所制定了一套分析转基因食品过敏性树状分析法（图4－1）。该方法针对致敏蛋白的评价，主要采用决定树的方法来排除引入蛋白的致敏性，该法重点分析基因的来源、目标蛋白和已知过敏原的序列同源性、目标蛋白与已知过敏患者血清中的IgE免疫反应及其理化特征。

若基因来自已知的过敏原，不管是常见的或不常见的过敏原，只要其编码的蛋白质是转基因生物的可食部分，就应该提供数据来确定该基因是否编码一种过敏

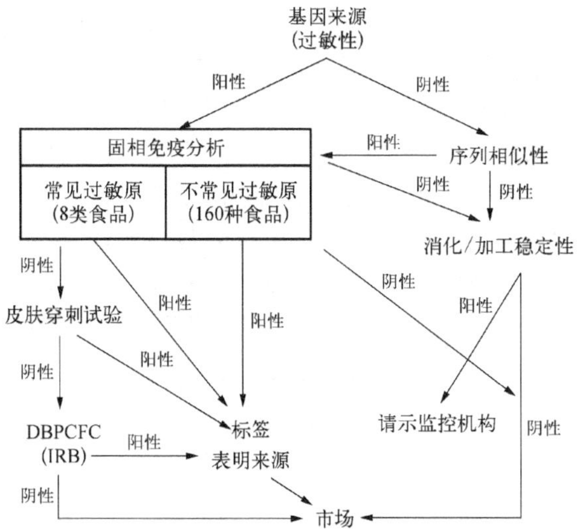


图 4-1 食物过敏性树状分析法
(引自李学静,2002)

原。具体步骤如下:① 对目标蛋白进行免疫反应,如果基因来自一种常见过敏原,则必须采用 14 种血清,14 种血清的结果为阴性,可以大于 99.9%地保证供体的一种主要过敏原未转入转基因生物,95%地保证影响 20%敏感人群的一种次要过敏原未转入转基因生物。如果基因来自一种不常见的过敏原,则必须用 5 种血清。5 种血清的结果为阴性,则可以大于 95%地保证供体的一种主要过敏原没有转入转基因生物。② 如果转基因食品中含常见的过敏原基因,体外免疫试验分析为阴性或者结果模棱两可,则必须做进一步的皮肤穿刺试验。③ 对过敏病人做双盲、以安慰剂做对照的食物实验(DBPCFC),以确定转基因食品的安全性,这两种体内实验的任何一种为阳性,可证明转基因食品有过敏性。

若基因来自未知是否具有过敏性的生物,如病毒、细菌、非食品植物等,与已知的过敏原蛋白比较氨基酸序列,若有 8 个连续的氨基酸相同,则用这一过敏原与过敏病人的血清做免疫反应。

现代分子生物学的发展特别是生物信息学的诞生为致敏原的评价提供了新方法。2001 年,FAO/WHO 生物技术食品致敏性联合专家咨询会议(Joint FAO/WHO expert consultation on allergenicity of foods derived from biotechnology)将已有的转基因食品致敏性评价程序进一步发展和完善,公布了新的转基因食品潜在致敏性树状评价策略(图 4-2),作为转基因食品致敏性评价的指导方法。该程序首先是对基因来源进行判断;其次是进行序列相似性比较;第 3 步是血清学试验;第 4 步是模拟胃肠液消化试验。如有可能还要进行动物模型试验。根据各步测试,给出致敏性的高低等级。与 2000 年公布的评估程序相比,新的程序删除了皮肤穿刺试验和双盲法食物激发试验，增加了靶向血清筛选和动物模型，具有很强的可操作性。具体步骤如下：① 与过敏原数据库的同源性分析；② 选择已知有过敏病史病人的血清学做特异性血清筛选试验，且必须考虑抗原决定簇的糖基化问题，但是许多情况下，通过与过敏原数据库的同源性分析，并没有发现外源蛋白质的显著同源性，则应考虑外源蛋白来自何种生物，并用相应的过敏病人的血清做测试；③ 消化液抗性实验，以食品中非过敏蛋白（大豆脂清蛋白）和过敏性蛋白（大豆胰蛋白酶抑制剂）作为对照，用提出和浓缩的蛋白质做消化实验；④ 采用 Brown Norway 鼠模型和腹膜内鼠模型，以及其他动物模型，进行动物模型实验，一般需要用两种以上的方法或动物来评价。

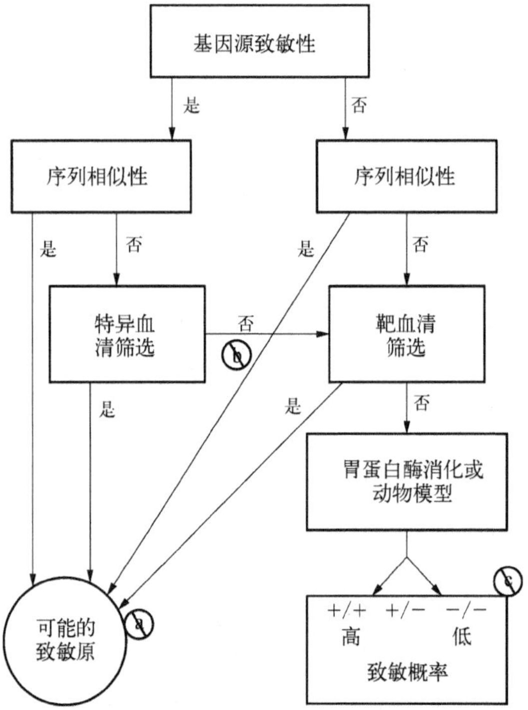


图 4-2 过敏原评价决定树
（引自 FAO/WHO, 2001）

## 2. 转基因食品致敏性安全评价的程序

（1）转入基因的评价

国际食品法典委员会公布了引起过敏反应常见的 8 类致敏性食物，包括蛋、鱼、甲壳类、奶、花生、大豆、小麦和坚果类。联合国粮农组织（FAO）统计，通常 90%以上的过敏反应是由这 8 类食物引起的，另外还有其他不常见的 160 种食物也可引起过敏反应，其中绝大多数致敏原都是蛋白质。在对转入基因的评价时，首先判断转入基因是否来自常见的 8 类食物或 160 类不常见致敏性食物，进一步根据基因是否来自已知对人体致敏的食物而采取相应的评价步骤。

(2) 外源基因来自已知致敏食物的转基因食品致敏性评价

如果外源基因来自引起过敏反应的常见或不常见已知致敏食物，需要对转入基因的编码序列进行相似性比较，以确定其编码的蛋白质与已知致敏原是否相似。如果证明重组蛋白和已知致敏蛋白间存在相似序列，就可以判定该重组蛋白为可能致敏原，无需进行下一步试验。如果序列分析显示该基因并不编码已知致敏原，还不能完全认定该基因表达产物不致敏，需要做进一步的血清学试验，用对基因来源生物过敏患者的血清进行特异血清筛选。如果特异性 IgE 抗体检测试验结果为阳性，就可以判定该重组蛋白质为可能致敏原，无需再进行下一步试验，若试验结果为阴性，对常见已知致敏食物需进行皮试和双盲无效物对照试验，进一步评价其致过敏性，只有两个实验结果都为阴性的转基因食品才能确认为“非过敏性”食品，如果其中一个实验结果为阳性，则该转基因食品为“具致过敏性”。

对不常见已知致敏食品，需进一步进行靶向血清筛选、模拟胃肠液消化实验和动物模型实验。由于该类敏转基因食品的外源基因供体常为已知过敏食物，因此，容易获得足够数量的有过敏反应的人群进行血清免疫分析和人体实验，保证实验结果具有较高的可信度。

(3) 外源基因来自非已知致敏食物或非食物致敏性评价

在所有的转基因食品中，此类转基因食品的致过敏性评价最困难，虽然通常情况下，此类转基因食品中外源基因的表达水平较低，引起过敏反应的可能性较小，但是在正式批准上市之前，仍需进行相关的致过敏性评价。

若外源基因并非来源于已知致敏食物，或者来自人类不曾使用过的生物物种基因，如为了提高作物的产量和改善品质，增强抗病、抗虫、抗真菌、抗细菌、抗除草剂或抗非生物逆境的能力等，有些转入基因来源于非食用生物，例如转 Bt 基因抗虫玉米转入基因来源于土壤中的苏云金芽孢杆菌。对这类转基因食品，首先要进行序列相似性比较，因为可能存在与已知致敏原类似的抗原决定簇。通过致敏原数据库进行重组蛋白和已知致敏原序列相似性比较，通常判定不同蛋白质之间具有氨基酸序列相似性的标准时至少要有 8 个连续的氨基酸残基完全相同，如果比较结果为阳性，即判定该重组蛋白为可能致敏原，无需进行下一步试验；结果为阴性，仍需要进行靶向血清筛选，若试验结果为阳性，即可判定该重组蛋白为可能致敏原，结果为阴性，则需进一步做模拟胃肠液消化试验和动物模型试验。

### 3. 转基因食品致敏性安全评价的常用方法

(1) 序列相似性比较

进行序列相似性比较分析是判定来自致敏食物的转入基因是否产生致敏性

最简单快捷的方法。如果转入基因编码的氨基酸序列同已知致敏原序列相似，那么可以预测该转入基因的致敏性。一般致敏原都具有一定的特征，即结构和功能上的保守性，因此对于来自非已知致敏原的转入基因，通过判断与已知致敏原氨基酸序列的同源性也能够对其做出理论预测。目前国际上在对 GMO 致敏性的评估中，主要是与美国国立卫生研究院（NIH）基因序列数据库（GenBank）、欧洲分子信息学网基因序列库（EMBL）、蛋白质氨基酸序列数据库（SWISS-PROT）、日本的 DNA 数据库（DDBJ）以及蛋白质信息资源库（PIR）等大型数据库的记录进行序列相似性比较，为了进一步提高比对精确度，Steven 建立了致敏原数据库（PAD），北京大学生命科学中心建立了食物致敏原数据库（Http：//ambl. lsc. pku. edu. cn）。

然而，目前序列相似性分析仅局限于比较氨基酸一级序列，且数据库中致敏原数量有限，使用数据库查询策略、评价标准都会限制序列相似性比较分析及分析结果的准确度，因此，在进行序列相似性比较后，通常还需做血清学实验，从而更准确地判断转入的外源基因是否致敏。

（2）特异血清筛选试验

特异血清筛选试验是判定基因表达产物是否致敏的直接方法，即检测表达蛋白与对转入基因源过敏个体的 IgE 抗血清的反应。由于对不同食物过敏的患者血清中所含的特异 IgE 抗体不同，检测转入基因表达产物是否为致敏原的血清需要用不同过敏患者的等量血清组合配制。免疫印迹反应、酶联免疫吸附试验（ELISA）、放射性变应原吸附试验（RAS）、放射性变应原吸附抑制试验（RAST inhibition）是检测致敏原的常用方法。在血清筛选中获得含特异 IgE 的血清非常重要。

（3）靶向血清筛选试验

靶向血清筛选试验是 2001 年 FAO/WHO 生物技术食品致敏性联合专家咨询会议推荐的转基因食品致敏性树状评价策略中新增加的评价方法。靶血清筛选扩大了检测的范围，血清来自对转入基因来源相近生物致敏的患者，如果转入基因来自没有致敏史的单子叶植物，靶血清应该选择对其他单子叶植物产生高浓度特异 IgE 抗体的过敏患者的血清，如草、大米等单子叶植物；转入基因来源于双子叶植物，采用的靶血清为含有对树花粉、种子花粉、芹菜、花生、坚果等双子叶植物过敏原产生高浓度 IgE 抗体的过敏患者血清；转入基因来源于霉菌，靶血清选择对霉菌、酵母和真菌等产生高浓度 IgE 抗体的过敏患者血清；对于转入基因为细菌等其他生物来源，目前尚没有可获得的特异的靶血清。血清种类的选取是该试验的关键，选取血清时应考虑用尽可能多的对不同生物过敏个体的血清。在获得含高浓度 IgE 抗体的血清后，用 RAST 或 ELISA 方法进行重组蛋白与特异 IgE 抗体的结合试验，结果为阳性即可判定该重组蛋白为可能致敏原。

(4) 模拟胃肠液消化试验

致敏原蛋白在胃肠道中都有一定的蛋白水解稳定性，胃蛋白酶消化试验可作为判断蛋白致敏性的重要参考。一般将目标蛋白能否在模拟肠胃液中迅速消化，作为判断外源基因表达的蛋白质是否为潜在致敏原的重要指标。对转基因目标蛋白质致敏性评价应首先从其生理生化特性方面考虑。天然致敏原的分子质量较小，其相对分子质量通常在 10 000～70 000，分子内有较多的二硫键，结构比较稳定，在食品加工过程中遇热和酸碱条件不易变性降解，仍具有一定的生物活性。通过测定基因表达产物热稳定性和酸碱处理后的生物活性及降解后的相对分子质量大小，可以间接判断蛋白的致敏性。食物过敏反应的发生与药物过敏和呼吸道致敏反应不同，致敏蛋白需经消化系统处理后才能发生过敏反应。目前许多国家的致敏性评价一般都要求做体外降解(in vitro digestion)试验。通过体外模拟肠胃消化环境，测定蛋白质降解的半减期和降解后小肽的相对分子质量，从而间接判断转化蛋白的致敏性。

特别强调的是，模拟胃肠液消化试验并不能完全反映食物在人体消化系统中被消化的实际结果。食物很少作为单纯蛋白质存在于消化系统中，并且食物中各种成分相互作用，可能会影响胃肠内的 pH 环境和目标蛋白的稳定性，因此，在模拟胃肠液中不被酶解的蛋白质并不一定是致敏原，容易被酶解的蛋白质也不能认为一定不是致敏原。

(5) 动物致敏模型试验

动物模型是近年来发展的评价转基因食物致敏性的新方法。由于食物致敏的免疫应答是食物经过消化系统作用后才发生的，除了受消化系统消化酶降解的影响外，还受肠淋巴系统自身特点的影响，因此转基因作物食用致敏性评价选择直接胃肠给药途径比较合理。犬、幼猪、豚鼠、BALB/c 小鼠、C3H/HeJ 小鼠和 Brown Norway 大鼠等很多种动物被用于试验研究。由于 BALB/c 小鼠和 Brown Norway 大鼠具有显性遗传性过敏性疾病，Brown Norway 大鼠经灌胃致敏(经饮水致敏无效)和 BALB/c 小鼠经腹腔注射致敏是目前普遍认为转基因食品致敏性评价中两种更有前途的动物模型。但是动物模型反映的致敏性评价结果并不能完全代表人体经膳食暴露后免疫反应的实际情况，并且不同致敏途径可能会得到不同的结果，由一种致敏途径得到的阴性结果并不能排除另一种途径可能得到阳性结果，所以选取合适的动物模型，采用合理的致敏途径十分关键。在转基因作物对动物致敏途径中至少要有一种与其对人体致敏途径相同或相似的致敏途径。动物的免疫试验可能会与人的遗传性过敏情况完全不同，也不会产生人 IgE 反应的多样性。动物模型最好能包括对不同种致敏原有过敏反应的不同种属，且有过敏反应的动物应达到一定的样本数量。在评价转基因作物致敏性时，建议采用不同动物模型和不同的致敏途径相结合的方法。

## 五、加工过程对转基因食品安全性的影响

产品加工主要指转基因食品定型产品的加工过程，也包括在消费过程中的其他加工方式。适当的加工方法可以消除或者减少原产品中的某些危害因素。例如，动物食品中的病原微生物可通过加热的方法消除，天然毒素可通过生化的方法降解，基因编码产物也可以在加工阶段从食品中除去。

以转基因生物为原料的食品与以非转基因生物为原料的食品一样，在加工过程中都要经过若干加工工序，理化性质会发生较大的变化，尤其是加工过程中出现的物理、化学变化或者酶因子都会影响DNA的降解变化，从而直接影响最初的转基因成分在最终产品中的含量和作用，这些因素也常常由于不同的食品种类以及同种原料的不同加工工艺而差异很大。例如，高温、高压、酸碱处理、酶解、发酵等物理、化学、生物反应都会引起食品中DNA不同程度的降解，因此，在对转基因食品的安全性进行评价时，不仅要考虑食品加工过程对基因组DNA以及外源插入基因的影响，还应了解这些启动元件在不同加工工艺中的变化、降解情况，这样才能为转基因食品的安全性评价提供更全面、更有效的科学依据。同时，在评价加工过程对转基因食品安全性的影响时，应提供与非转基因对照物相比，生产加工、储存过程是否可改变转基因植物产品特性的资料，包括加工过程对转入DNA和蛋白质的降解、消除、变性等影响的资料，如油的提取和精炼、微生物发酵、转基因植物产品的加工、储藏等对植物中表达蛋白含量的影响等。陈颖等(2005)对以转基因和非转基因大豆为原料制成的豆腐、豆奶、豆粉主要的加工过程中内外源基因的降解变化进行了研究，结果发现，原料经过磨浆后，外源基因的片段大小由1 512 bp降至807 bp，点浆、加热等工艺又使外源基因继续降解至400 bp左右，挤压成型、高温杀菌及喷雾干燥以后，基因片段大小降到190 bp左右；大豆的内源基因Lectin片段经过磨浆、煮浆、均质等工艺，由1 883 bp降解至836 bp，随着点浆、高温杀菌或喷雾干燥等工艺的进行，豆腐的内源基因片段降到500 bp以下，豆奶、豆粉中内源基因片段大小仅为200 bp左右，这与Bauer T对豆制品降解的研究结果有所差异，表明食品加工中加工工艺的差异对DNA降解变化情况会造成不同的影响。

## 六、转基因微生物食品、动物性食品、水生生物食品的安全性评价

### 1. 转基因微生物食品的安全性评价

目前，直接用作食品的转基因微生物较少，主要是利用转基因微生物生产各种

酶制剂、氨基酸、有机酸、维生素、色素、香料等添加剂。其他如转基因酵母菌、面包酵母和啤酒酵母已获准商业化生产。1990 年，FAO 和 WHO 的第一届生物技术与食品安全性的专家咨询大会，对重组微生物的安全评价作出了如下结论：第一，基因克隆过程中的载体需要作修饰，以尽量减少基因转至其他微生物的可能性；第二，来自重组微生物的食品中应不含活性菌，不应在重组微生物中使用目前在治疗中有效的抗生素标记。我国相关法规明确地规定了构建微生物遗传工程体的各种生物在分类和遗体学上都必须鉴定清楚，不含有害物质的基因和已知毒素的基因，载体的特性必须清楚，带有临床上使用的抗生素抗性的基因，不得使用在含有活性微生物的食品中；在不含活性微生物的食品成分中，必须证明其成品中不含活性细胞，也不含有编码抗生素抗性的且具生物活性的遗传材料等。目前，国际上，实质等同性原则是对生物技术产品及食品成分的安全评价准则，如利用转基因微生物能够使凝乳酶在体外大量产生，大大降低生产成本，且与传统的凝乳酶制剂相同，生产凝乳酶的转基因微生物不会残留在最终产物上，美国食品药品管理局（FDA）认为是安全的。

**2. 转基因动物性食品的安全性评价**

转基因技术已广泛用于提高动物生长速度和饲料利用率、降低动物粪便对环境的污染、增加抗病能力等。通常，转基因动物转入的外源基因会出现两种效应：一种是期望效应，大部分的期望效应都是希望在动物体内的特定组织表达目标蛋白；另外一种是由于外源基因随机插入造成不同程度的基因改变，引起不可预测效应，这些蛋白不像预期的那样表达在动物的特定组织中，而是通过 DNA 随机插入表达在人们日常食用的动物组织中，通常这种情况下的食用转基因动物的组织是不安全的；转基因动物还可能导致人类过敏反应等，增加患人畜共患病的风险。

**3. 转基因水生生物食品的安全性评价**

对转基因水生生物的研究是海洋生物技术研究领域的热点之一，涉及的对象主要包括各种淡水、海水经济鱼类，海洋贝类及藻类等，转入的目的基因主要有生长激素基因、抗冻基因、抗病基因等。目前转基因水生生物的研究所用的大多为生长激素基因，虽然可提高饲料利用率、生长速度等，但是其表达的产物生长激素对人类具有重要的影响。目前，对转基因水生生物的食用安全性评价主要采用实质等同性原则，即评价转基因水生生物与受体生物在遗传、营养学、毒理学、过敏性、抗营养因子、标记基因转移和非期望效应等方面的差异。

通过对转基因食品的安全性评价，并建立转基因食品的溯源管理体系，研究转基因食品对消费者的长期效应和潜在作用，建立适合我国国情的、与国际接轨的转基因微生物、动物、水生生物食品安全性评价的方法是重要的发展趋势。

## 七、转基因生物对有毒有害物质的富集能力评价

自然界中许多生物对有毒有害物质，如生物毒素、重金属、农药等具有富集作用，转基因生物由于一些外源基因的插入，是否会造成或增强食品对一些有害物质的富集，目前，尚无研究发现转基因食品对有毒有害物质的富集作用，但是，按照预先防范原则，需要对转基因食品是否对有毒有害物质具有富集作用进行检测。Song 等发现，与野生型酵母比较，缺乏 YCF1 的酵母突变种 DTY167 对铅高度敏感，但充分表达 YCF1 的 DTY167 细胞则不仅对铅和镉的抗性超过野生型细胞，而且可蓄积较多的铅和镉；Song 等还对充分表达 YCF1 的转基因拟南芥菜进行了分析，结果证明，具有功能活性的 YCF1 可以使转基因拟南芥菜增强其对铅和镉的耐受性，并蓄积大量的铅和镉；Song 等鉴此认为，表达了 YCF1 的转基因植物，有望用于消除环境中的铅和镉污染。

## 八、转基因生物食用安全评价方法的发展趋势

转基因技术日渐成熟，已经可以准确地将 DNA 分子切断和拼接并进行重组，但是异源 DNA 片段被导入一个生物体后，对受体基因的影响程度不能事先精确地预测到，受体基因的突变过程及对人类或动物的危害也是无法预料的，因此科学家认为转基因生物实际应用于人类或动物后会产生不同程度的危害。目前，转基因生物的食用安全性评价主要包括：基因受体、基因供体、基因操作和转基因生物及其产品，其中重点是转基因生物及其产品的安全性评价，一般包括毒性评价、过敏性评价、抗营养作用评价和非预期效应评价等。

转基因食品的食用安全性评价是转基因产品开发中的重要环节，目前，传统的食品中含有的过敏原已经比较清楚，但转基因技术打破了物种间的基因交流障碍，从理论上增加了转基因食品过敏性的概率。由于消费者无法对转基因食品造成的潜在过敏现象进行选择，因此，世界各国及国际组织均强调加强转基因食品过敏性的检测研究。同时，动物实验（毒理学试验和致敏性试验）在转基因食品的安全性评价中占据了非常重要的位置，但是对于转基因食品带来的非预期效应，单靠传统的动物试验已经远远不够，因此，在实验动物的选择，动物模型的建立、评估及新型检测技术及方法（HPLC－MS、IPC－MS、核磁共振、细胞水平和分子水平的检测技术等）等方面，世界各国开展了较多的研究。

# 第三节　转基因生物安全性动物实验评价

## 一、动物实验在转基因生物食用安全评价中的地位及应用

转基因生物遍布全世界，在转基因生物所涉及的安全问题中，最重要的是转基因食品安全问题，主要包括两方面的内容：食品对人体健康的应用；食品在生产、销售、消费、回收利用等循环过程中对环境的影响。目前，许多国家同意在实质等同性原则基础上对转基因生物进行安全评价后再将其用于食用，但是，转基因生物具有实质等同性并不意味着它是绝对安全的或者没有必要对其食用结果进行全面评价(Novak & Haslberger，2000)，比如食用转基因植物后营养方面的问题，个体本身的变化可能不明显，但是营养摄入后累积的副作用可能是显著的，所以转基因食品成分代替传统食品成分后由食物整体引起的直接、间接、急性或累积的影响需要进行评价，另外，引入某基因带来的副作用如过敏、DNA 向肠道菌群的转移(包括抗生素抗性转移)、代谢激素分泌失衡与营养的改变、产生毒素成分、转抗除草剂基因植物除草剂残留以及所有由于重组蛋白表达而产生的非期望效应等也需要评价。

目前，评价转基因食品的安全性试验方法主要有体内试验和体外试验，体外试验有：通过加热评估转基因生物蛋白的稳定性(Okunuki et al，2002)，饲料加工贮藏过程中转基因生物蛋白的稳定性(Guan et al，2005)，胃、肠中酶消化后转基因生物蛋白的稳定性；生物物理和生物化学分析中，在体外模拟了适合细胞生存的机体内环境，用来评价比如转基因可能对食用者组织细胞核活性带来的影响(Vlasák et al，2003)，或是评价转基因生物的可能毒性。体内试验主要是通过先饲喂动物转基因产品，然后研究实验动物身体各方面机能参数来评价转基因产品的安全性。为了充分评价转基因在整个生物体水平上对健康的影响，体外试验不能完全代替动物实验，动物实验可主要解决转基因食品在整体水平上对健康的影响，借助于动物实验，可开展有关生命现象及其本质的许多研究。

为了从生物整体水平检测转基因食品的安全性，目前常用的实验动物主要有：① 大型畜禽，如鸡、鹌鹑、猪、牛、羊等，可根据研究的目的选择合适的大型畜禽，如猪，其亲缘关系和人很接近，器官大小也接近于人，很适合营养代谢等方面的研究；② 小型啮齿类动物，如老鼠、兔子等，与大型畜禽相比，小型啮齿类动物操作相对简单、成本低、寿命短、易于检验，可在长期的研究中使用大量标准个体，实现用多种方法评价饲喂转基因食品产生的任何影响。

## 二、动物实验检测转基因食品的发展趋势

由于人和其他哺乳动物在结构与功能方面存在许多相似点，如消化吸收系统、代谢途径等，因此，它们在生命活动中基本功能过程也是相似的，通过选择适合的动物进行安全评价实验，可为保证人类健康提供重要支撑。但同时，用动物实验的方法评价转基因食品对人类健康的影响与其他健康相关研究一样存在局限，由饲喂动物得到的结果直接用于人类无疑是不够准确的，因为人和动物在代谢生理过程及生活方式上有不可预知的内在特异的差别，尤其是转基因生物产品的品质特性随着不同地区的植物或不同的食品加工方式而改变，实验动物自身也存在个体差异和生长效率的不同，这也可能使实验结果有所不同。

因此，随着转基因食品种类的不断增加，对转基因食品的评价方法研究需要不断地发展，特别是随着越来越多的转基因食品被不同年龄、健康状况、生活方式的人群所摄食，所检测的方面也在不断增加，需根据动物本身的特点和不同实验目的，本着选用结构简单又能反映研究指标的动物的原则，选择最适的动物，如，① 对敏感人群如新生儿、儿童、老人、病人的影响评价，选择适合种类的特殊发育阶段的动物进行实验是必要的，在研究转基因生物对健康影响的慢性实验或观察动物的生长发育时，应选择幼龄动物；研究转基因生物对老年人的影响时，应选用老龄动物。② 如果研究对高胆固醇或动脉硬化有预防和治疗作用的新型转基因产品，那么用高胆固醇膳食饲喂兔、鸡、猪、狗、猴等动物造模时均可诱发动物的高脂血症或动脉粥样硬化，而猴和猪除有动脉粥样硬化外，心脏冠状动脉前降支形成斑块、大片心肌梗死等情况与人更为相似。但是进化程度高或结构功能复杂的动物有时会给实验条件的控制和实验结果的获得带来难以预料的困难，因此在能反映实验指标的情况下，应尽可能选用结构功能简单的动物。③ 目前新型的转基因食品主要是提高营养含量和作为药品和营养品的来源，如可通过服用转乳铁蛋白基因的奶牛产的奶作为贫血患者的良好治疗方法，在评价此类食品时，不仅要比较基因等同性，还要研究基因转移引起的效应，因此，对这些转基因食品的评价为了能够观察到摄入转基因食物的非期望效应，选择合适的实验动物及其他实验手段对其安全性进行评价显得更为重要，应该在动物实验基础上结合先进的技术手段和分子生物学知识(基因组学、蛋白组学、代谢组学)及功能形态学技术(例如核磁共振、光学电子显微镜及相关技术)进行长期多代喂养试验。

# 第四节　转基因生物的环境安全性评价

## 一、生物多样性影响

全世界至今在实验室已成功或正进入中试水平的转基因植物，大约有 35 个科、120 种，主要包括粮食、蔬菜、水果和林木等，转基因的性状大多数是抗病、抗虫、品质改良、抗逆、抗除草剂、发育调控及药物生产等方面。转基因植物释放环境后可能导致的生态学潜在风险主要包括：转基因植物通过与其野生亲缘种间的基因流而发生转基因逃逸的风险；转基因作物释放后对土壤生态系统及生物地球化学循环的影响风险；水平基因转移的风险；从抗病毒作物产生新病毒的风险；害虫对转基因抗虫植物的抗性进化风险；转基因植物产生的杀虫剂对非靶标生物影响的风险；转基因入侵的风险等。

### 1. 转基因逃逸对生物多样性的影响

转基因逃逸是指转基因植物中的外源基因通过基因漂移（天然杂交）转移到栽培植物的非转基因品种或其野生近缘种（包括栽培植物的同种杂草）的现象，转基因逃逸到环境中可能带来潜在的生态影响，根据转基因逃逸对象的不同，其影响主要包括以下几个方面：

1）外源基因从转基因作物向非转基因作物的逃逸，往往使非转基因作物种子中混杂了含转基因的种子，导致种子的纯度下降，从而导致地区或国家之间的贸易问题，甚至是法律和经济方面争端，例如，墨西哥玉米污染事件、美国的转基因苜蓿事件、亨氏米粉事件都与基因漂移有关；如果这些混杂于传统品种的种子进一步用于留种和繁殖，可能会影响传统品种种质资源的遗传完整性。

2）外源基因从转基因作物向野生近缘种（包括杂草类型）逃逸与其带来的潜在生态影响与前述影响不同，由于经过遗传修饰的转基因可能会改变作物与野生近缘种杂种各世代的生态适合度和入侵能力，导致这些转基因杂种世代的扩散，从而带来杂草问题和其他生态影响；同时，大规模的转基因逃逸还可能通过遗传同化作用（即通过基因漂移，大量的作物基因可以转移到野生种群体，并通过遗传同化作用而不断取代野生种的等位基因，导致群体中遗传多样性的逐渐降低甚至丧失）、湮没效应（即当作物与其野生近缘种杂交后代的适合度低于其野生亲本时，连续的杂交和渐渗过程就导致该野生群体的规模逐渐变小，甚至威胁到该野生群体的生存）以及选择性剔除效应（即重组到野生近缘种群体基因组上的作物基因及其相连锁的其他基因，在自然界中负向选择的作用下，遗传多样性在基因组水平上下降或被剔除的现象）等，影响野生群体的遗传完整性和遗传多样性，甚至在严重的情况下导致野生种群的局部绝灭。有试验证明，转抗除草剂基因玉米和非转基因玉米的杂交后代，在有选择压力存在的情况下，杂交后代的环境适应能力明显要强于非转基因玉米的亲本，为防止转基因植物由于基因漂移导致的野生近缘种杂草化，可以通过距离隔离、释放雄性不育品种等措施。

3）外源转基因从转基因作物向作物的同种杂草（如杂草稻、杂草油菜等）漂移主要会带来杂草化的问题，具有自然选择优势的转基因（如抗除草剂、抗旱和抗虫）漂移到作物的同种杂草，有可能提高该杂草类型的田间适应能力和入侵能力，加剧田间杂草的危害，增加杂草危害的管理和控制难度。

**2. 抗病毒转基因作物产生新的病毒**

与抗病毒的转基因植物有关的有两个潜在风险性，即病毒蛋白外壳的异装配及RNA重组。目前，广泛应用的抗病毒基因来自植物病毒本身，最广泛使用的是能产生病毒外壳蛋白的基因，其中一些转病毒外壳蛋白基因植物在美国和中国已被批准可以进行商业化释放。因此，含有病毒基因的转基因抗病毒作物释放的主要风险为转基因可能会与其他病毒重组，从而产生新的、危害更大的、难以防治的新病毒。例如，外壳蛋白基因缺损型的烟草花叶病毒，可以被转基因植物表达的外壳蛋白所包壳，从转基因植物中提出了完整的病毒粒体（Osbourn et al，1990）。实验室研究揭示：在转基因植物内存在的病毒基因片断，可以与接种的病毒发生重组，重组后的病毒从基因结构上与野生病毒显著不同。目前，在实验室和田间条件下，已有转基因与其他病毒基因重组产生新病毒的例子，而且使非病原病毒转变为病原病毒（Allison et al，1996）。这表明不同种的病毒确实可在作物体内重组，新的杂种病毒可能引发流行病，并给作物带来毁灭性的打击。由于转基因作物中的病毒基因组存在于所有细胞内，从而提高了病毒重组的风险。

**3. 转基因植物对非靶标生物及生态系统的影响**

转基因植物本身及其转入基因编码产物不仅会对目标生物起作用，还有可能会对非目标生物产生直接毒性作用，或通过食物链和食物网对非目标生物产生间接影响，非靶标效应评价是现在转基因植物风险评价的最主要内容之一。

如果某些良性生物与要控制的害虫相关或者具有生理上的相似性，就很难保证转基因作物产生的杀虫物质只对目标害虫起作用。实际上，杀虫物质对非靶生物的影响是普遍存在于所用虫害控制方法中的难题，当使用化学农药时，也会造成大量鸟类和昆虫的死亡，包括有害的和有益的。

**4. 转基因植物对天敌、天敌种群动态的影响**

天敌昆虫在调节和控制害虫种群数量中起着重要作用，转基因植物是否对害虫天敌的个体及种群数量产生影响是当前转基因植物生态安全性评价研究的重要内容之一。从作物虫害防治角度来看,取食转基因抗虫作物可导致靶标害虫生长发育延缓,这在一定程度上有利于天敌的捕食或寄生,并可延缓靶标害虫的抗性发展。

转基因抗虫作物可能直接或间接影响寄生性天敌的生长发育和行为(图 4-3)。直接影响可能通过 2 种方式产生：① 大部分寄生性天敌的幼虫依赖寄主害虫的营养而完成生长发育,某些寄生性昆虫的成虫也可以直接取食寄主,而且多数寄生性昆虫在成虫期具有补充糖类营养的习性,其中植物花蜜是主要来源;② 寄生蜂主要依靠植物受到寄主昆虫取食危害后释放的信息素来搜寻寄主,如果转基因植物释放的信息素发生了变化,可能会影响寄生蜂的寄主搜寻行为。转基因抗虫作物可能因外源基因插入而导致其体内化学组分,特别是挥发性物质组成的变化,从而影响寄生蜂的搜寻行为。

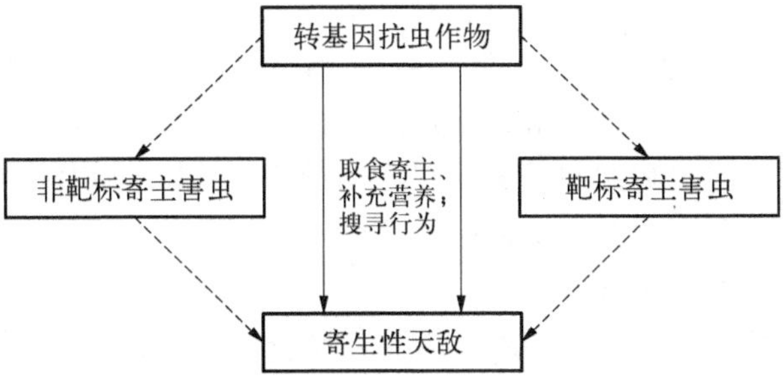


图 4-3　转基因抗虫作物对寄生性天敌的直接(实线箭头)和间接(虚线箭头)影响
(引自王锦达等,2010)

间接影响主要表现在以下几方面：① 转基因抗虫作物由于降低了靶标或非靶标害虫作为寄主的营养质量,从而影响寄生蜂幼虫发育以及某些成虫阶段具有吸食寄主习性的寄生蜂的寿命和生殖力,甚至伴随寄主的中毒死亡而不能完成生长发育;② 取食转基因抗虫作物的寄主由于营养质量降低而体型变小,根据“寄主体型大小-质量”模型预测,寄生蜂可能产更多的雄性后代,从而影响后代寄生蜂种群的性比;③ 取食转基因抗虫作物的寄主体型变小,会影响寄生蜂的寄生功能反应,寄主体型大小可能与寄生蜂的功能反应存在关联。

农田中天敌亚群落是整个昆虫群落的重要成分,与害虫亚群落的变化直接相关,转基因作物田害虫亚群落不同于常规田,其天敌亚群落也必然受到影响。Bt 作物对田间害虫天敌影响的研究国内外已有一定报道。研究证实,由于农药用量减少,Bt 棉花田中的瓢虫类、草蛉类和蜘蛛类等捕食性天敌的数量较常规棉田大幅度增加,有效控制了棉蚜(*Aphis gossypii*)造成的危害。万方浩等也认为 Bt 棉田有利于保护瓢虫和草蛉,也有利于食虫蝽类和蜘蛛类天敌的增殖,Bt 棉田棉铃虫天敌群落依次比常规棉综防棉田和化防棉田稳定。Reed 等对 Bt 马铃薯和常规马铃薯 2 年的田间试验表明,Bt 马铃薯对蝽类、瓢虫类、草蛉类和蜘蛛类等捕食性天敌种群数量没有显著影响。

迄今为止，在转基因作物对天敌种群和群落的影响中，多数研究表明：转基因作物对田间捕食性天敌和寄生性天敌种群数或群落组成的影响较小，此外，对天敌的生态功能也未见显著影响。

### 5. 转基因作物对土壤生物种群动态的影响

植物生长过程中会不断地和土壤发生物质交换，转基因作物的外源基因和基因表达产物会随着根系分泌物分泌出来并进入土壤中，生活在植物体内和植物体表的生物、直接或间接以转基因抗虫棉为食的生物、土壤中的生物等都可能受到转基因植物所表达的产物的影响。所以对转基因生物进行安全性评价时，其对土壤中生物的影响也应该包含其中。2000 年，美国 EPA 将转基因作物对土壤生态系统的影响列为风险评价的重要组成部分。目前研究的土壤动物主要包括土壤原生动物、线虫、弹尾目昆虫和大型土壤无脊椎动物蚯蚓，其中原生动物是监测转基因植物对土壤生物种群影响的最敏感指标。

(1) 土壤微生物的影响

土壤微生物的多样性是保持农业生态系统稳定的基础，转基因作物的外源基因和基因表达产物可通过根系分泌物或残茬进入土壤生态系统，进而对土壤微生物及其群落的多样性造成显著的影响。目前，转基因作物在土壤中的残留主要有外源基因产物和外源基因本身两种，因此，对土壤微生物多样性的影响也主要有两种途径(图 4－4)：一是转基因作物的残体所含的外源蛋白或根系直接分泌进土壤

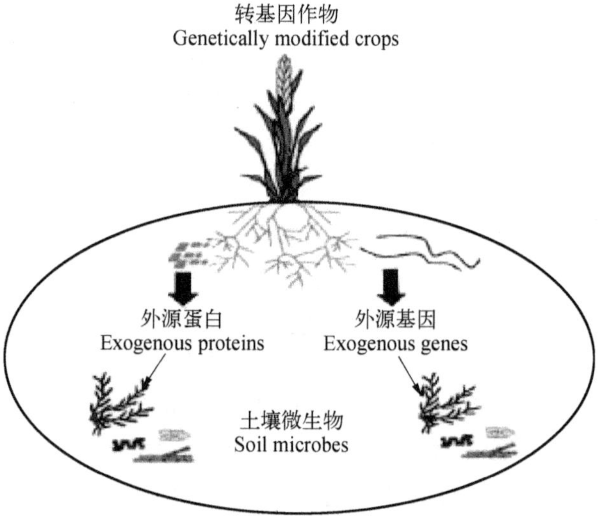


图 4－4　转基因作物对土壤微生物的影响途径
(引自杨永华，2011)

的外源蛋白(如 Bt 毒蛋白)对微生物群落产生影响；二是通过水平基因转移使得外源基因整合进土壤微生物的基因组中，从而可能使微生物的遗传和功能特性发生某种程度的改变。

由于受到多种生物与非生物因素干扰，转基因作物对土壤微生物的影响至今尚无定论，图 4-5 是通过查阅近年来这方面的研究论文而得出的不完全统计分析图。尽管有不少研究认为转基因作物仅对土壤微生物有轻微的或者没有影响(Weinert et al, 2010)，随着转基因作物种植时间的加长以及可能的生物富集作用的不断扩大，这种影响或风险的不可预见性终将得到破解。因此，必须通过反复或大量实验，从中建立生态学意义的评估方法和理论体系，评价转基因作物对土壤微生物生态系统的风险。当然，该领域的研究仍是一个长期而复杂的过程，需要从不同的角度开展系统的研究工作。目前已有的研究还比较零散，也亟需综合多种研究策略或开发新的研究策略来进一步阐明两者之间的密切联系。

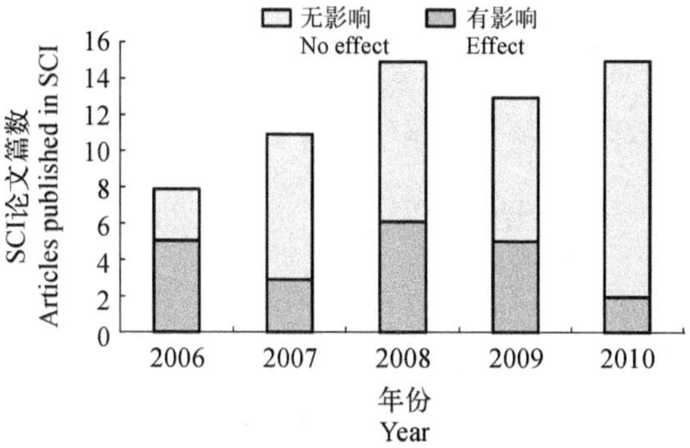


图 4-5　近 5 年来发表有关转基因作物对土壤微生物效应的 SCI 论文数量
(引自杨永华，2011)

(2) 土壤其他生物的影响

土壤中动物种类十分丰富，它们在土壤生态系统物质循环和能量流动中起着非常重要的作用，因此，转基因作物的外源基因和基因表达产物对土壤生态环境的潜在危险不可忽视，如 Bt 是一种广泛存在于土壤中的革兰氏阳性菌，Bt 蛋白通常以前蛋白形成存在，分子质量约为 130 kD，被昆虫摄食后，在碱性的消化道中溶解后释放出具有杀虫活性的 N 端胰蛋白酶抗性中心片段，残留的 Bt 蛋白可在土壤中积累并保持杀虫毒性，由于 Bt 蛋白不需要特定的 pH 和蛋白水解酶来激活，从而对土壤动物造成危害，打破原有生物之间的平衡，而且这种级联反应可能会扩大这种影响，最终影响土壤生态系统的平衡。

线虫广泛存在于各种生境，是土壤指示生物的典型代表，目前，线虫作为土壤健康指示生物的研究已成为国际土壤生态学领域的热点和前沿课题。同时，基于土壤中积累的 Bt 蛋白可能对土壤生态系统的生态平衡造成破坏，很多学者都对转 Bt 作物大田中的土壤动物群落结构进行了研究。如 Griffths 等调查了欧洲 3 个地区的转 Bt 玉米、其非转基因亲本玉米以及周围杂草土壤中的原生动物与线虫群落。结果显示，所有 3 个地点中转 Bt 玉米品种的线虫种群较小，且线虫的群落结构在每个地点都不相同，但 Bt 效应并未局限在某一个线虫类群中，Bt 玉米的影响很小且在农业系统的正常变化范围之内。随着转基因作物在全球范围内的推广，关于转基因作物的生物安全方面的争论也愈演愈烈，然而综合考虑当前的研究结果，Bt 蛋白对土壤生态系统并没有产生显著影响，并且在害虫控制方面发挥了积极的作用，同时也显现了它在代替各种化学农药来控制害虫方面的重要优势。另一方面，考虑到转基因作物种植面积将不断扩大，因此建立长期的生物安全监控体系对于保护生态系统的健康稳定同样不容忽视。

**6. 对昆虫的影响**

家蚕(*Bombyx mori*)和柞蚕(*Antheraea pernyi*)是我国的重要经济昆虫，与目前转基因抗虫作物靶标害虫同属鳞翅目。因此，转基因抗虫作物的大面积推广是否会对这两种经济昆虫造成不良影响，是人们十分关注的问题，特别是我国南方养蚕地区的传统种植模式是桑稻兼种，桑树都插种在自家的稻田埂上，养蚕季节每天都要到田埂采桑喂蚕。室内研究已表明，当桑叶上的 Bt 水稻花粉浓度平均为 109 粒/$cm^2$ 时，家蚕的生长发育会受到明显影响，转 Bt 水稻花粉在桑叶上的自然飘落浓度研究表明，在桑稻距离 0～10 m 范围内，桑叶上花粉的浓度与距离呈反比，浓度范围在 13.3～199.0 粒/$cm^2$，平均浓度为 92.9 粒/$cm^2$，与能够影响家蚕生长发育的浓度(109 粒/$cm^2$)持平，表明 Bt 水稻在我国南方养蚕地区推广将有可能对家蚕的生长发育造成负面影响。

## 二、转基因植物的环境安全性评价

近年来，转基因生物安全问题在全世界范围内引起了广泛关注，尤其关于"转基因植物环境安全性"问题更成为争论的焦点(Andow & Zwahlen，2006)。为保障转基因植物产业化，安全性评价应贯穿新品种研发与推广的全过程。根据国际惯例与我国相关政策，转基因植物环境安全评价可分为 4 个环节，即应用前预测、研发中筛选、推广前评价和推广后监测(图 4-6)。

同时，为贯彻《中华人民共和国环境保护法》，履行《卡塔赫纳生物安全议定书》，评估和控制转基因生物可能产生的环境风险，保护生态环境和生物多样性，我国在"转基因植物环境安全评价方法与技术"相关领域进行了大量的研究，在转基因作物的生存竞争能力、外源基因漂移规律及其对环境的影响、转基因作物对非靶标生物的影响、靶标害虫抗性演化及抗性治理策略等环境安全评价技术和程序等方面取得了较大进展。

目前，对转基因植物的环境安全性评价，主要包括对非靶生物的影响、基因漂移、生态适应性和靶标生物对转基因植物产生抗性等评价内容和检测方法。

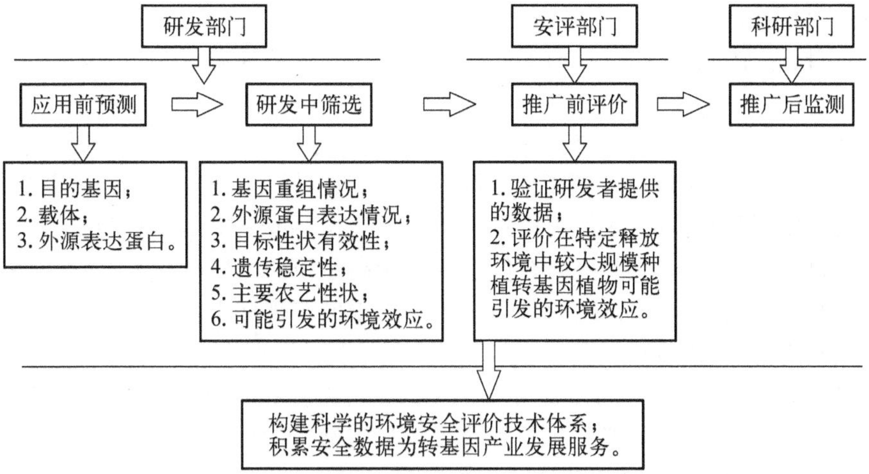


图 4-6　转基因植物环境安全评价流程
（引自宋新元等，2011）

**1. 对非靶生物影响的检测**

转基因植物的应用在给农业生产带来巨大利益和效益的同时，也给生态环境安全带来潜在的不必要的影响。以抗虫转基因植物对非靶标生物影响的检测为例，主要分为以下三个步骤：首先，通过调查确定需要进行安全检测的非靶标生物；其次，在封闭条件下检测抗虫转基因植物对特定非靶标生物的影响；最后，在开放条件下检测抗虫转基因植物对非靶标生物群落的影响。

（1）非靶标生物的确定

① 通过文献调研和实地调查等多种手段，查清并分类列出可能受到抗虫转基因植物影响的非靶标生物；② 根据是否在转基因蛋白的作用范围之内，暴露于转基因蛋白中的几率，是否具有重要的生态功能，在生物多样性保护、经济和文化等方面的价值，在抗虫转基因植物生长地点及其周围环境中的出现频率和丰富度等指标，对可能受到影响的非靶标生物进行评估和筛选，通过资料分析和专家论证，确定需要进行环境安全检测的一种或者几种具有代表性的非靶标生物；③ 需要进行环境安全检测的非靶标生物一般应涵盖哺乳动物、鸟类、鱼类、水生无脊椎动物、节肢动物、土壤无脊椎动物、微生物等可能受到抗虫转基因植物影响的主要生物类群，尤其是中国的特有物种；④ 如果需要检测的非靶标生物为珍稀、濒危或者受保护的生物，或者因难以在实验条件下饲养、种群数量太少等原因而无法满足检测要求，可以用其他同类生物代替。

（2）在封闭条件下检测抗虫转基因植物对特定非靶标生物的影响

根据自然条件下非靶标生物受抗虫转基因植物影响的途径、方式、时间等因素，设计封闭条件(实验室或者温室)下抗虫转基因植物对特定非靶标生物影响的实验，包括毒理学实验以及以捕食性天敌和寄生性天敌为对象的二级或三级营养学实验。

在封闭条件下检测抗虫转基因植物对特定非靶标生物的影响，采用亲本植物或当地普通非转基因品种作为阴性对照，尽可能在受试生物对转基因蛋白最敏感的生命阶段开展试验；直接使用抗虫转基因植物材料或者使用含有转基因蛋白的人工食物饲喂受试非靶标生物，并使暴露剂量高于该非靶标生物在自然条件下的最大预期暴露剂量；实验持续的时间一般不低于该非靶标生物在自然环境中受到转基因植物影响的时间。

测定的指标主要包括非靶标生物的生长发育指标(如死亡率、体重、生长期、酶活性)、繁殖指标(如生殖细胞和子代的数量和质量)以及重要的生态功能指标等。如果抗虫转基因植物对特定非靶标生物产生显著影响，应进一步检测产生此显著影响所需要的最小暴露剂量，明确此显著影响与抗虫转基因植物之间的相关性，并在开放条件下调查特定非靶标生物对抗虫转基因植物的实际暴露剂量，以及在该剂量下非靶标生物受到的影响。

(3) 在开放条件下检测抗虫转基因植物对非靶标生物群落的影响

为了验证封闭条件下抗虫转基因植物对特定非靶标生物的检测结果，检测抗虫转基因植物对其他非靶标生物的影响，应在农田、林地、水体等开放条件下检测抗虫转基因植物及其残体对非靶标生物群落的影响，检测对象为抗虫转基因植物生长地点及周围环境中可能受到其影响的非靶标生物，特别是在封闭条件下抗虫转基因植物产生显著不利影响的非靶标生物。检测内容包括：调查抗虫转基因植物及其对照实验田中非靶标生物种群数量的动态变化，比较非靶标生物群落的多样性指数、均匀性指数和优势集中性指数，分析抗虫转基因植物对各非靶标生物种群及其有关生态系统功能的影响。

### 2. 外源基因漂移检测

(1) 确定基因漂移对象

在抗虫转基因植物种植地及周围的自然环境中，调查可能成为基因漂移对象的物种(以下简称“基因漂移对象物种”)，包括该抗虫转基因植物的亲本植物、当地非转基因品种或野生种，如果抗虫转基因植物种植区及周围环境中没有基因漂移对象物种，尤其是与抗虫转基因植物亲缘关系较近的野生近缘种和杂草种，可终止基因漂移检测。

(2) 获取基因漂移对象物种生殖性状相关信息

收集包括抗虫转基因植物及其基因漂移对象物种的名称、分类学地位、自然地理分布及其发生频率等信息，并通过实地考察了解基因漂移对象物种是否有成为农林杂草的记录,对农作物是否形成危害及危害程度。通过栽培实验获得基因漂移对象物种的生长习性、开花期、交配系统、传粉方式和种子传播途径等数据。

通过资料分析和实地考察,确定抗虫转基因植物在空间和时间上是否与基因漂移对象物种有重叠的分布区和开花期,如无重叠,不能相互传粉,则认定转基因漂移将不会发生,可终止该项安全检测。

(3) 检测转基因植物与基因漂移对象物种的亲缘关系

通过资料分析、实地考察或杂交实验,评价转基因植物与基因漂移对象物种的可杂交性、杂种 F1 的存活率、自交和回交结实率等,推断抗虫转基因植物与基因漂移对象物种的亲缘关系及基因漂移是否会发生。如果抗虫转基因植物与其基因漂移对象物种亲缘关系极远,不能进行天然种间杂交,种间杂种不能正常存活繁殖,则认定转基因植物基因漂移不可能发生,可终止该项安全检测。

(4) 检测转基因植物与基因漂移对象物种间基因漂移的频率和距离

通过资料查询、野外考察或分子标记实验,检测抗虫转基因植物与基因漂移对象物种之间的异交率。

通过基因漂移田间实验(如同心圆种植),检测转基因植物与基因漂移对象物种之间基因漂移的频率(%)和距离。基因漂移频率越低,漂移距离越远,外源转基因漂移的可能性越小,导致的环境风险也较低。如果抗虫转基因植物向基因漂移对象物种的基因漂移频率为零或极低,可终止该项安全检测,本项检测应该在不同的生态区至少重复两年或者两个生长季节。

(5) 外源转基因在基因漂移对象物种中表达的检测

如果在基因漂移对象物种中检测出外源转基因,则应该测定其表达量和表达部位,明确其遗传方式,以评价该转基因是否能够在基因漂移对象物种中正常表达和遗传,从而带来生态环境风险。如果外源转基因不能在基因漂移对象物种中正常表达和遗传,表明转基因不可能在基因漂移对象物种中发挥正常功能,导致生态环境风险的可能性很小,可终止该项安全检测。本项检测应该在不同的生态区至少重复两年或者两个生长季节。

(6) 基因漂移对象物种的生态适应性评价

将抗虫转基因植物与携带外源转基因的基因漂移对象物种进行种间杂交、回交和自交,鉴定获得含有转基因以及不含转基因的回交($BC_1$)以及自交($F_2$)实验群体。同时检测含有转基因的实验群体生态适应性,通过分析转基因对基因漂移对象物种适合度的影响,检测抗虫转基因植物的外源基因漂移可能带来的生态环境风险。

**3. 生态适应性检测**

生态适应性检测主要包括生存竞争能力和杂草化潜力两个部分,评价方法和试验地的设计分别在人工生态类型和自然生态类型两类环境条件下开展。通常仅需要检测人工生态环境条件下的生态适应性，只有在人工生态环境条件下检测到抗虫转基因植物生态适应性显著提高，才需要再进行自然生态类型下的检测。

（1）人工生态类型下的抗虫转基因植物生态适应性检测

在设计室内及封闭田间小区条件下抗虫转基因植物生态适应性检测试验时，应遵守以下原则：使用来自亲本植物的材料或当地主栽非转基因品种作为对照；试验设计采用最适宜人工条件，但不经过人工除草、施肥和灌溉等管理；采用随机区组设计，至少重复三次；试验时间不低于三年或者三个生长季节。

1）生存竞争能力　　在室内及封闭的农田或者人工林区等小区开展抗虫转基因植物的生存竞争能力检测试验，检测内容包括：

● 出苗率：通过调查抗虫转基因植物种子及其对照的出苗情况，计算出苗率，评价种子的活力和适应能力。

● 竞争性和生长势：同一小区设计不同播种方式，主要包括地表撒播和正常播种，中密度（正常密度）和高密度（正常密度加倍）播种，以及在适宜季节和非适宜季节分期播种。调查和记录的内容包括：试验地中间生杂草的种类、株数和相对覆盖度；抗虫转基因植物的株数、平均株高、覆盖率。对不同的抗虫转基因植物还可以调查其他与营养生长相关的指标。

● 繁育能力：观察记载抗虫转基因植物的生育期，包括叶龄、盛花期、果熟期等，调查统计其单株结实率，并测定产量。

● 抗生物和非生物胁迫：选择亲本植物的主要病原菌和害虫各1～2种，检测抗虫转基因植物对生物胁迫的抗性；选择抗除草剂、抗旱、抗盐、抗高温和低温以及在贫瘠环境生长能力等指标，评价抗虫转基因植物对非生物胁迫的抗性。

2）杂草化潜力　　在封闭田间小区开展抗虫转基因植物与杂草化潜力有关的自生苗、种子休眠性、种子生存能力以及落粒性等评价试验。检测内容包括：

● 落粒性：在生存竞争力试验的各小区设计落粒性评价试验，观察记录抗虫转基因植物及其对照的自然落粒性和在振动等外力作用下的落粒性。

● 种子休眠性：调查落粒的种子是否具有休眠性以及由外界环境变化（如水分、黑暗、土埋等）诱导产生的二次休眠性。

● 自生苗：调查生存竞争力试验后的小区在越冬或越夏后，抗虫转基因植物种子及其对照的自然出苗率（植物出苗旺盛期）、成苗率、结果（荚、角或穗）数（植物成熟期）、收获种子量（植物落粒前）及转基因蛋白阳性检出率。

● 种子生存能力：将抗虫转基因植物及其对照的种子在野外封闭条件下埋藏在田间土壤中，定期调查种子的发芽势、发芽率和存留时间，检测种子在野外环境的越冬或越夏能力。

（2）自然生态类型下的抗虫转基因植物生态适应性检测

自然生态类型下转基因抗虫植物的生态适应性检测应选择荒地为试验地，其余要求以及检测的内容和方法与人工生态类型下的抗虫转基因植物生态适应性检测相同。

**4. 靶标生物对抗虫转基因植物产生抗性的安全性检测**

靶标生物对抗虫转基因植物产生抗性的安全性检测主要由抗虫转基因植物对靶标生物的抗虫性测定、室内检测和大田监测靶标生物种群对抗虫转基因植物的抗性三个部分组成。

（1）抗虫转基因植物对靶标生物的抗虫性测定

采集抗虫转基因植物以及亲本植物组织（如叶片），在实验室内饲喂靶标生物，测定靶标生物死亡率；在大田中靶标生物发生盛期，分别调查抗虫转基因植物和亲本植物田块中靶标生物的数量和危害情况，比较和判定抗虫转基因植物对靶标害虫的抗性效率。

（2）靶标生物实验室种群对抗虫转基因植物的抗性风险

1）筛选靶标生物抗性种群　靶标生物在受到杀虫蛋白的持续选择压力下，理论上具有对抗虫转基因植物或者杀虫蛋白产生抗性的能力，根据此原理，在实验室内筛选靶标生物抗性种群。如果在室内持续筛选压力下，靶标生物不能产生抗性种群，表明靶标生物对抗虫转基因植物产生抗性的风险为零或者极低，可终止该项安全检测。

2）检测靶标生物抗性种群的抗性稳定性　靶标生物形成抗性种群后，停止筛选数代后检测该抗性种群的抗性是呈下降趋势还是恢复到敏感阶段，以此判断靶标生物的抗性稳定性。如果停止筛选后，室内靶标生物抗性种群的抗性恢复到敏感阶段，表明靶标生物对抗虫转基因植物的抗性不稳定，可终止该项安全检测。

3）检测靶标生物抗性种群的相对适合度　组建靶标生物种群生命表，计算种群净增值率，确定其相对适合度。如果相对适合度大于或等于1，表示靶标生物抗性种群没有明显的适合度代价，可终止该项安全检测。

4）分析检测靶标生物的抗性遗传方式　根据剂量对数-死亡几率值回归线（LD－P线）分析法，研究靶标生物抗性种群的抗性遗传方式。如果抗性是由多基因控制的隐性遗传，则靶标生物对抗虫转基因植物产生抗性的风险较低，可终止该项安全检测。

5）靶标生物交互抗性研究　检测靶标生物对抗虫转基因植物产生抗性后，对已经推广种植的表达同类杀虫蛋白的其他抗虫转基因植物的交互抗性。如果靶标生物对已经推广种植的表达同类杀虫蛋白的其他抗虫转基因植物不会产生明显的交互抗性，即表明抗性风险低，否则抗性风险高。

(3) 靶标生物田间自然种群对抗虫转基因植物的抗性基因频率监测

监测地点优先选择自然隔离条件好或附近没有靶标生物近缘种的地段，并明确试验地点所在的省(自治区、直辖市)、县(市)、乡、村；试验的规模、时间、管理措施等因素应尽可能模拟抗虫转基因植物的实际种植模式，并在大田周围种植非转基因植物作为抗性稀释带；以种植抗虫转基因植物前靶标生物的抗性基因频率作为对照；至少在不同生态区的 20 个地点、每个地点采集不少于 500 头靶标生物作为监测对象；采用诊断剂量、F2 代筛选等方法监测靶标生物抗性基因频率，以此作为靶标生物抗性风险监测的依据。

## 三、转基因动物多样性影响及安全性评价

### 1. 转基因动物多样性影响

转基因研究是 1982 年从小鼠的有关试验中得到启示并逐步走出实验室，进入实用阶段。利用转基因技术不仅能从动物整体水平和组织器官水平进行研究，还可深入到细胞水平和分子水平，按照人们的愿望进行设计和培育组织和动物，短短二十几年，科学工作者已培育出具有某些特质的转基因兔、猪、羊、牛、鱼和鸡等。Palmiter 等将 5′端调控区缺失后的大鼠生长激素基因与小鼠金属硫蛋白Ⅰ基因启动子相连接，然后将融合基因注入小鼠受精卵雄原核，获得 7 只转基因阳性鼠，成功研制出了著名的“超级小鼠”。Hammer 等利用该方法成功地制作了转基因兔、绵羊和猪。上述研究开创了动物转基因研究历程上的里程碑。此后，转基因技术不断向前发展，1997 年，Willmut 等通过体细胞核移植技术制备出了世界上第一头哺乳动物转基因克隆绵羊，开创了哺乳动物体细胞核移植的先例。这项技术为转基因动物的制备开辟了崭新的天地，转基因技术研究进入了新的发展阶段。

我国在转基因动物研究方面也取得了较大的进展，1985 年首次成功获得转基因鱼，将小鼠中金属螯合蛋白基因启动子与调控序列和人生长激素基因的重组 DNA 注射到鱼的受精卵原核内，培育出生长速度快的转基因鱼。目前，转基因动物在生物制药、疾病研究、动物育种、农业、环保、生物材料及毒理学研究方面取得了重要进展。

转基因生物的环境或生态安全风险来自转基因逃逸(transgene escape)。转基因逃逸是指外源转基因通过天然杂交(或异交)渗入到非转基因品种或其野生近缘种的现象。转基因的逃逸是由基因漂移实现的。基因漂移有两种方式，即基因的垂直漂移(vertical gene flow)和水平转移(horizontal genetransfer)。

基因的垂直漂移是指通过有性杂交的方式发生于亲缘关系很近或同一物种不同群体之间的基因交换。动物(哺乳动物)与植物不同的是，其受精过程是在体内完成的，不存在如转基因植物由花粉或种子介导的(基因飘移)问题；同时，动物(哺

乳动物)在自然状态下不能进行无性繁殖,也不存在无性繁殖器官介导的基因漂移,唯一可能造成基因垂直漂移的途径是转基因动物的逃逸。

目前的转基因动物中只有转基因鱼规模较大,对鱼的基因改造不容易被限制在固定的环境中,转基因鱼逃逸或释放到外界环境后,与野生物种进行交配,有可能将外源基因释放到自然界,进而影响生态稳定性。尤其是转基因个体经人工定向改造,具有较强的生物学特性、抗逆、抗病能力,对环境具有更强的适应性和竞争力,导致水生生物种群的繁殖和生长,甚至导致某些生物的灭绝,降低水生生物多样性,影响生态平衡。

转基因动物与其近缘野生种间的杂交是转基因漂移的主要形式,和植物相类似,转基因鱼的目的基因在野生种中稳定下来也可能造成生态问题,可能使野生近缘种获得选择优势,影响生态系统中正常的物质循环和能量流动。另外,还可能会导致野生等位基因的丢失,从而造成遗传多样性的下降,而野生物种基因库中有大量的优质基因,是人类的宝贵资源。这些正是人们最担心的问题。因此,对于转基因鱼,必须采取有效的跟踪管理措施,防止其种间杂交,从而保证环境安全。

除转基因鱼外,转基因动物中规模稍大的就是家养动物,其去向比较容易跟踪。另外,因其对环境的适应能力较低,很容易控制和捕捉,只要管理严格、措施得当,不会存在很大的环境问题;其他转基因动物规模较小,因其具有可控性,目前还不会造成环境安全问题。

然而,随着转基因技术的发展,转基因动物的规模会越来越大,如果没有一套很好的跟踪、评估管理系统,势必从目前的可控状态变成无序的、不可控状态。因此,建立一套全球范围的转基因动物的跟踪管理规范、检测和评估系统是非常迫切的。

### 2. 转基因动物的环境安全评价

转基因动物及其产品对人类社会活动具有重要的影响,为了消除转基因动物及其产品对人类社会产生的负面影响,对转基因动物及其产品的安全性评估是十分重要的,目前主要从供体动物及受体动物、转基因动物构建过程、转基因动物整体三个方面进行转基因安全性评价。

供体动物及受体动物的安全性评价：收集和掌握供体动物和受体动物的特征及健康状况,如传染病情况等。

转基因动物构建过程的安全性评价：提供准备导入动物的基因详细特征,天然蛋白质及其功能以及表达形式,并说明用于克隆和分离基因的方法,从而为转基因及表达系统的安全性评价提供支持;在转基因动物制作过程中,为了提高转基因动物的制作效率,往往需要应用标记基因对早期胚胎进行筛选,由于有些标记基因是会终生表达的,因此需要对标记基因及其表达产物进行安全性检测;同时,对转入的外源基因也要进行必要的安全性评估;转基因动物的制作方法如反转录病毒载体法等,由于病毒类载体的表达产物也有可能给动物或人类带来潜在的危害,因此,使用此类方法制作的转基因动物需要经过严格评价。

转基因动物的安全性评价:由于在转基因动物传代过程中,遗传背景会有所改变,转入的外源基因、标记基因及其表达产物和载体等也会有所改变,因此,转基因动物的遗传稳定性和表达的稳定性是安全性评价的重要问题,在转基因动物释放到环境之前,需采用适当方法监测相关基因及其表达的稳定性。同时,为了获得最大的效益,还需对建立的转基因动物品系等进行必要的安全性评估。

# 第五章　转基因生物的安全管理

随着转基因技术的迅猛发展，越来越多的转基因食品出现在餐桌上，给人类社会带来了巨大的经济效益，但是，转基因生物的安全性仍不确定，具有潜在风险，已成为人类社会与经济发展过程中必须面对的一个重要问题，需要采取有效的措施对它进行安全评价和监控管理，确保人类健康和生态安全。国际上，联合国环境规划署《卡塔赫纳生物安全议定书》(简称《议定书》)、《生物多样性公约》对转基因生物及其产品的安全性评价、消费者的知情权和越境转移等作出了明确规定，并规定根据预防原则允许进口国对输出国的转基因生物实施安全性评价与标志管理，确立处理生物安全问题的国际法律框架。《议定书》于 2000 年 1 月 29 日达成谈判文本，2010 年 6 月 30 日，共有 159 个国家和经济一体化组织(欧盟)已批准加入或核准《议定书》，成为《议定书》缔约方，我国于 2005 年 4 月 27 日由国务院批准核准加入《议定书》，并于 2005 年 9 月 6 日起生效，我国成为《议定书》的第 120 个缔约方。同时，联合国粮农组织、世界卫生组织、国际食品法典委员会等国际组织均制定了转基因生物安全风险评价指南。由于各国政治、经济、文化等诸多差异，各国政府纷纷出台了适合国情的关于转基因生物安全管理政策，作为控制和应对转基因风险的重要手段。

## 第一节　转基因生物安全管理的风险评价和风险管理

转基因生物的风险评价(risk assessment)是指估计转基因生物体造成的损害的种类、可能性和程度的措施，转基因生物风险水平既与供体、载体、受体以及转基因生物本体的生物学和生态学特征密切相关，也与预定用途和释放环境的条件有关。提出转基因生物的风险评价，《议定书》设定了风险评估的方法；欧盟 2001/18/EC 指令进一步明确了一些可行的细节，在其附录中详细且明确地规定，对转基因生物的有意环境释放的做法带来的潜在风险进行个案评估时，必须建立合理的程序和一致的标准，同时规定，在每一次释放转基因生物之前都必须进行环境风险个案评估，并及时考虑由于其他转基因生物和环境相互作用而带来的潜在长期积累的不良后果;在对含有耐抗生素基因进行风险评价时,更要对涉及此类基因的问题给予特别的重视。根据上述原则和建立,风险评估的一般方法应包括:鉴别出可能产生负面作用的转基因生物的性状;评估每个负面作用的潜在后果;评估每个已经识别出的潜在负面作用出现的可能性;估算由每个已经识别出的转基因生物性状可能构成的风险;提出转基因生物有意环境释放或投放市场所采取的监控风险管理的策略;判断转基因生物的整体风险。目前,转基因生物风险评价一般遵循科学原则、个案评估原则、逐步评估原则、熟悉性原则、实质等同性原则等。

## 第二节 国外农业转基因生物安全管理体系

世界各国对转基因生物和产品的安全性及其对生态环境的影响存在较大的争议,尤其是转基因作物的安全性由于涉及人体健康、环境保护、伦理和宗教等问题受到了较大的关注,因此,由于世界各国对转基因生物发展问题上所处的地位不同,以及对转基因生物安全所持的态度差异,结合各自国家的实际,世界各国在安全管理方面采取不同的管理模式,归纳起来,主要分为三种模式:① 欧盟等国家为代表的,采用的基于技术的生物安全管理模式,遵循的是“风险预防原则”,认为重组 DNA 技术有潜在的危险,只要与现代生物技术相关的活动都应进行安全性评价并接受管理,因此,这种管理模式也称为严谨管理模式。② 美国、加拿大为代表的,采用的以产品为基础的管理模式,即转基因生物与非转基因生物没有本质的区别,其监控管理的对象是生物技术产品,而不是生物技术本身,在立法思路上,遵循的是“实质等同性原则”,因此,这种管理模式也称为宽松管理模式。③ 以日本、阿根廷、巴西、印度等国家为代表的,采取介于美国和欧盟之间的管理模式,并不简单地采取其中的一种管理思路,而是根据自身生物技术发展水平和发展趋势以及生物安全保护的需要,选择自己的策略并制定相应的法律机制和法律制度,通常称为中间管理模式。

### 一、美国

美国是转基因产品大国,是转基因技术最为先进、应用最广泛的国家,作为世界最主要的农产品输出国,其转基因产品重视进入市场前的安全评估,实行与其他食品相同的管理模式,不需要进行强制性标识制度,只有转基因产品在成分、营养价值或者预期使用上存在很大不同时,才进行标识,因此,美国对转基因食品及其国际贸易采取积极的政策。

美国转基因的管理主要依据 1986 年颁布的《现代生物技术法规写作框架》,该框架是美国转基因管理的最基本的法规，指定了三个转基因产品的管理机构：美国食品药品管理局（FDA）、美国国家环境保护局（EPA）和美国农业部（USDA），三个机构依据不同的法律，对转基因产品分别进行管理，主要负责转基因产品的检测、评价和监控，各自行使不同的职责。另外，还有职业安全与卫生管理局（OSHA）和国立卫生研究院（NIA）协调管理转基因食品。

美国 FDA 对转基因技术持乐观的态度，其管理的主要法律依据是：《联邦食品、药品和化妆品法》、《新的植物源类食品政策》、《FDA 咨询程序》、《转基因食品知情权法案》、《联邦食品、药品和化妆品法》。FDA 负责所有植物源食品和饲料的安全以及适当的标识，并规定所有食品和饲料，无论国产的还是进口的、传统方式生产的还是生物工程生产的，都必须符合严格的安全标准。在转基因食品方面，FDA 长期以来主要依据现有的食品法对新食品进行管理，要求转基因食品必须达到与其他食品同样的安全标准，而对于大多数采用生物技术培育的粮食作物新品种，FDA 并不要求其在市场化之前必须通过审批程序。

1992 年，美国 FDA 颁布了关于转基因食品利用的安全和管理政策，规定了食品、饲料和副产品的管理方式及有关食品安全评估的科学问题及原则，这些原则与联合国粮农组织（FAO）、世界卫生组织（WHO）和美国科学院（NAS）对新食品管理的原则相同，要求应用生物技术生产食品的生产商要考虑生物工程食品发生的预料之中及之外的改变，并检测受体、DNA 的供体、被转入或修改的 DNA 及其特性；同样，安全性评价应根据“实质等同性原则”来进行，新转入的或已知功能的转基因物质，如果与现有食品组分非常类似，则无需在进入市场前进行审查，但是，如果与现有食品的该组分存在显著差异，则必须获得批准方可投入市场。对于转基因技术生产产品的标识管理，2002 年 5 月，《转基因食品知情权法案》（HR4814）被提交国会进行审议，该法案要求对含有转基因物质的食品或由转基因物质制作的食品实行标识制度，食品和药品监督管理局应当对产品进行定期检测，允许自愿性的非转基因食品标识并确保标识的精确性。

国家环境保护署（EPA）主要负责植物和微生物的生物安全，其主要法律依据是《联邦杀虫剂、杀真菌剂、灭鼠剂法案》，《有毒物质控制法》，《农药登记和分类程序》联邦法规第 40 章 152 部分，《农药登记的数据要求》联邦法规第 40 章 158 部分和 174 部分，《试验使用许可证》联邦法规第 40 章 172 部分，《微生物农药的报告要求和评估程序》联邦法规第 40 章 725 部分。EPA 负责评估上市前的用作农药的转基因生物，并进行农药登记，对植物农药和微生物农药的扩散、销售、使用和试验进行安全管理，提供与粮食作物及食品有关的农药标准，同时负责对于没有登记的农药用途产品进行试验，以及以商业为目的的进口的管理，并通过颁发许可证对以上 2 类农药进行管理。

美国农业部（USDA）管理转基因产品具体执行机构是动植物检疫署

(APHIS),主要法律依据是:《植物检疫法》和《通过遗传工程产生或改变的属于植物害虫类有机体的引入规定》。根据以上法律,USDA对于含有转基因以及存在潜在风险的转基因作物进行管理,规定对于任何转基因生物或其产品,如果属于植物有害生物体或者有理由怀疑其为有害生物体,则在引入之前必须获得许可或者提供报告。2002年动植物检疫署成立生物技术管理处负责转基因生物的农业和环境安全管理。2007年7月20日,USDA动植物检疫署宣布正在复审法律计划以确定是否修订关于转基因生物进口、洲际流动和环境释放的法规。USDA负责管理整个转基因植物,而EPA只负责检测转基因植物中抗病虫物质(如转Bt抗虫棉中的Bt蛋白)的安全性,并不针对植物本身。USDA对转基因植物的管理主要分为环境释放(田间试验)和解除监控状态两个层次。

美国的转基因食品主要由FDA、USDA和EPA负责检测和监督。其中,FDA的食物安全与应用营养中心是管理大多数食物的法定权力机构,USDA的食品安全和检测部门只负责肉、禽和蛋类产品对消费者的安全与健康影响的管理,EPA负责管理食品作物杀虫剂的使用与安全。通常,GMO产品的最终用途决定了各部门的管理范围,一个产品或一种食品可能涉及多个部门的管理。

美国目前已有十多年管理生物工程食品的经验,对转基因生物安全管理是以产品为基础的管理模式,其监控对象不是生物技术和研发过程本身,而是生物技术产品,目前,已有50多种转基因作物通过了美国政府的管理程序,数千种含有转基因作物成分的食品上市。目前,美国从试图开发一种转基因产品开始,到产品的最终上市需要经历5个管理程序。

**1. 提交资料前的研讨**

美国对生物技术的管理从完成实验室研究即将进行首次大田试验开始,新植物开发商与三个管理部门(APHIS,EPA和FDA)进行研讨,决定需要提交以备审核的数据资料。虽然对这一程序没有强行要求,但鼓励在提交资料前进行咨询,以避免以后出现的麻烦和延迟。

**2. 大田试验许可**

美国农业部下属的动植物检疫署(APHIS)负责管理遗传工程植物的开发和大田试验,按照APHIS提出的管理要求,大田试验必须保证遗传工程植物及其后代不在试验田以外的环境中生存繁殖,必须采取特别措施防止花粉、植株或植物的一部分从试验田扩散,试验结束后的一年必须进行监测以防"漏网者"在试验地生存,另外,一旦USDA批准一种新的生物工程植物进行大田实验,USDA的检疫官员以及各州的有关检疫人员可以在大田试验前、中、后期进行检查,以保证试验措施安全有效。

#### 3. 向 APHIS 请求撤销管制

经过几年的实验室和大田试验，开发商在决定将遗传工程作物品种商业化生产之前，必须向 APHIS 请求申请撤销管制。做出撤销管制决定之前，必须审查新植物是否可能对环境造成以下影响：APHIS 需审查该遗传工程植物的生物性状及遗传性状，还需审查该植物对环境中其他生物和农作物的潜在影响，评估其产生新的危险性有害生物的可能性，新植物的抗虫、抗病性改变以及基因转移至有关野生植物上引起杂草难题的可能性。同时，APHIS 必须考虑遗传工程作物对野生生物包括以其为食的鸟类和哺乳动物的影响，对有益生物、濒危物种以及其他靶标生物的影响，并审查引入新基因的结果。

#### 4. EPA 对作物抗有害生物性状的管理

对耐除草剂作物，EPA 不仅观察除草剂对环境的安全性，而且要审查使用除草剂是否会对食品和饲料的安全产生风险，以此决定是否要求在标签中注明，并确定公众安全消费的最大残留限量。在这种情况下，开发商需提供详尽的有关耐除草剂作物中除草剂残留的资料。假如一种转基因作物表达的是抗有害生物特性的蛋白质，那么 EPA 在该产品的开发、商品化及商品化后阶段都有监督的职责，除了农药登记所需的数据资料外，EPA 还需审核抗有害生物蛋白质是否会通过动物和人类食用造成危险，确定不会产生不合理的副作用。

#### 5. FDA 审查食品和饲料的安全性

FDA 对食品和饲料的安全性负责，FDA 与产品的开发商接触，为开展可以保证食品和饲料安全的研究提供指导。

目前，作为转基因生物及产品开发的发源地，美国对转基因生物及其产品的管理是较为宽松的，只要在科学上无法证明其危险性，就不该对转基因食品的生产、流通加以限制，并反对在国际贸易中对转基因食品施加贸易壁垒。同时，美国认为，只有转基因技术改变了食品构成或可能对人体产生危害时，才需做出特殊标识，如美国人对提炼自牛奶、鸡蛋等食物的蛋白质存在较为普遍的过敏现象，如果转基因食品中使用该种蛋白质，则需加贴特殊标签，否则应与传统食品使用相同的标签。

### 二、欧盟

早在 20 世纪 80 年代，欧洲国家就开始关注生物安全问题，考虑对转基因生物的环境释放进行安全评估和管理，尤其是由于接连遭遇食品安全危机，欧盟对于转基因生物的市场化采取了非常谨慎的态度，几乎没有成员国大面积种植转基因作物。同时，欧盟对转基因生物安全管理是全球最严格的，规定没有得到官方授权的转基因农产品不能投放到欧盟市场，某些成员国甚至完全禁止对某些转基因产品的出售和田间试验，并实行严格的转基因食品标识制度，风险预防原则是其生物安全立法重要的理念基础。

欧盟对于转基因生物的安全管理从体制上而言可分为两个层面：① 欧盟，主要包括欧洲食品安全局(European Food Safety Authority, EFSA)以及欧洲委员会(European Commission, EC)，主要负责评估所有新推出的生物技术产品的安全性评价，以决定是否允许该产品进入欧盟市场；② 欧盟各成员国，主要是各国卫生部或农业部所属的国家食品安全相关机构。尤其是欧盟允许各成员国根据本国国情制定自己的法律，以避免转基因农作物种子发生漂移。

在欧盟，生物安全管理是依据对生物安全法规的分类进行的，一类是水平系列法规(horizontal legislation)，主要涉及转基因微生物在封闭设施内的使用、转基因生物的有意释放和接触生物制剂工作人员的职业安全等方面的内容，负责生物安全水平系列法规管理的机构是环境、核安全和公民保护总司；另一类是产品系列法规(product legislation)，主要涉及医药产品、动物饲料添加剂、植保产品、新食品和植物种子等方面的内容，负责产品系列法规的管理机构为工业总公司和农业总司，颁布的法令主要包括：第 90/219/EEC 号指令、关于饲料添加剂的第 70/524/EEC 号指令、有意释放指令 2001/18/EEC 等。此外，转基因生物的运输由运输总司管理；科学、研究与发展总司，欧盟联合生物技术及环境系统、信息、安全联合研究中心为相关的研究与开发活动提供服务；消费者政策与消费者健康保护总司负责用于人类、动物及植物的相关科技问题，以及可能影响人类、动物健康或环境的非食品包括杀虫剂的生产过程。

欧盟对转基因食品立法较美国晚，但欧盟对转基因食品持反对态度，规定必须对转基因食品从生产到加工、销售进行全程监控，是最早提出对转基因食品进行标识的地区，并形成了一套具有自身特点的法律法规。主要包括：① 关于转基因生物封闭使用安全管理的重要法规：以 1991 年 10 月 23 日开始实施的第 90/219/EEC 号指令和 1998 年发布的第 98/81/EC 号指令最为重要。第 90/219/EEC 号指令适用于包括科学研究和商业化为目的的所有转基因微生物在控制设施内的使用，对转基因生物的应用作了相应的规定；第 98/81/EC 号指令是对第 90/219/EEC 号指令的修订，主要包括转基因微生物封闭使用的相关规定，并明确规定了遗传修饰的法律定义，不受该指令控制的遗传操作技术，实验室、温室、实验动物等科研活动中对动物控制的要求等。② 关于转基因生物有意环境释放安全管理的重要法规：以 1990 年颁布的第 90/220/EEC 号指令及其修正案第 2001/18/EC 号指令最为重要。其中第 90/220/EEC 号指令适用于涉及转基因生物的实验和商业化活动，主要包括转基因生物释放的研究和开发工作。2001 年欧盟议会和理事会发布了第 2001/18/EC 号指令，并宣布于 2002 年 10 月 17 日废止第 90/220/EEC

号指令。③ 2003 年，欧洲议会和理事会颁布了关于转基因生物越境转移安全管理的重要法规第 1946/2003 号条例，旨在建立一个有关转基因生物越境转移的公共的通知和信息系统，并代表欧洲保证《卡塔赫纳生物安全议定书》相关规定的执行，以确保在安全转移、处理和使用可能对生物多样性保护和可持续使用产生不利影响的转基因生物的领域内采取充分的保护措施，同时也顾及其对人体健康的风险等，并对“向第三国出口转基因生物”和“转基因生物无意越境转移”作出了规定，同时，该条例还对国际信息交流程序的参与、保密、主管部门和联络点、处罚、监控与报告、生效等问题作出了规定。④ 欧盟对转基因食品的管理及相关法律、法规，主要包括欧盟议会委员会新食品和食品成分管理条例第 258/97 号令、第 1139/98/EC 号条例和第 50/2000 号条例，其中第 258/97 号令主要规定了新食品的定义、新食品和食品成分上市前安全性评估机制和对 GMO 产生的食品和食品成分的标签要求。1998 年，欧盟颁布了转基因食品强制标识的细节资料的第 1139/98/EC 号条例，规定了适用于特定决议规定范围内的转基因大豆、转基因玉米、标识应包含的内容等；2000 年，欧盟颁布了关于含有转基因成分或由转基因生物制成的添加剂和调味剂的食品和食品成分的第 50/2000 号条例，规定了适用于该条例的添加剂和调味剂的范围和标识中必须包含的信息和标识规则等内容；2003 年 9 月，欧盟开始实施《欧洲议会和欧盟部长理事会关于转基因食品和饲料的第 1829/2003 号条例》和《关于转基因生物可追踪性和标识及由转基因生物制成的食品和饲料产品的可追踪性的第 1830/2003 号条例》等，建立了转基因食品可追溯性的管理框架，规定含有基因改良生物 GMOs 和由 GMOs 生产的食品在投放市场之前需经过严格的授权审批程序，同时还要接受上市后的监督管理，法规(EC)641/2004 建立了 GMOs 的风险评估框架，以及指令 2001/18/EC 建立了 GMOs 环境释放的风险评估框架。通过这一系列法规和指令，欧盟已经初步建立了转基因食品可追溯性的法律体系框架，包括框架指令、授权和监督、标签和标识等一系列措施，主要法规和指令见表 5－1，并随着科学技术的发展不断补充和完善。

**表 5－1　欧盟转基因食品溯源管理体系**

| 法规和指令 | 颁布时间 | 基本内容 |
| --- | --- | --- |
| 委员会法规(EC)641/2004 | 2004－04－06 | 关于新的基因改良食品和饲料的授权，以及根据有益的风险评估对现有的产品的评估 |
| 委员会法规(EC)65/2004 | 2004－01－14 | 基因改良生物唯一标识的发展和指定体系的建立 |
| 法规(EC)1829/2003 | 2003－09－22 | 关于基因改良食品和饲料授权和监督的法规 |
| 法规(EC)18309/2003 | 2003－09－22 | 欧洲议会和理事会，关于基因改良生物可追溯性和标签的规定，以及采用基因改良生物制作的食品和饲料的可追溯性和标签的规定 |
| 指令 2001/18/EC | 2001－03－12 | 欧洲议会和理事会，关于基因改良生物环境释放的指令，并废除理事会指令 90/220/EEC |

例如，欧盟转基因食品的批准主要步骤包括：① 递交授权申请书：要获得转基因食品的批准，必须遵照欧洲委员会第641/2004号法规向欧盟成员国之一的主管当局递交申请书，或向EFSA咨询；② 环境评估：按照第2001/18/EC指令，申请者可选择推迟将转基因产品释放到环境中，也可以选择食品安全性评估与环境风险评估同时进行；③ EFSA评估：各成员国的评估提交到EFSA做总结性评估，并对公众发布其总结资料；④ 公众评论：EFSA的总结性意见公开后，EC会开设一个网址，公众30天可在此网站上发表评论；⑤ 欧洲委员会做出最后决定：根据EFSA的意见，最终决定是否批准。

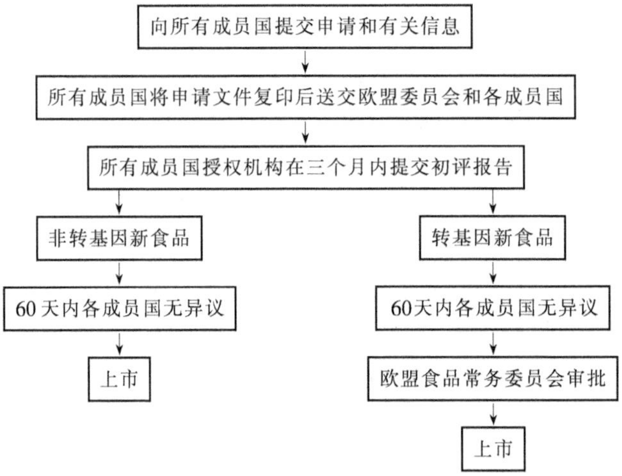


图5-1 欧盟转基因食品的批准主要步骤
（引自黄昆仑等，2010）

尽管欧洲各国对转基因食品的态度比较谨慎，但在生物工程技术领域科研投入和科研成果方面都取得了较大的成就，尤其是2009年10月，欧盟委员会批准了三种转基因玉米（转基因玉米MON88017/MON89034/59122×NK603）可以进口以及在国内消费；2010年3月，欧盟委员会批准欧盟国家种植德国BASF公司研发的转基因土豆Amflora，并同时严格规定了转基因土豆的种植条件，保证转基因土豆收获后在农田中没有残留，不对环境构成威胁，这被认为是欧盟委员会转变对转基因农作物的立场，具有特殊意义。

## 三、日本

由于转基因技术在提高单位面积产量等方面具有较大优势，但是，转基因生物又带来了生态环境和食品安全问题，在其安全性方面存在争议，因此，日本在转基因生物及其产品的态度上与美国和欧盟的鲜明态度相比，长期处于可靠科学原则和预防原则之间。日本作为世界上较早进行生物安全立法的国家之一，为确保上市转基因生物及其产品的生态环境安全和食品安全，逐步建立一套操作性强、实用性强的安全评价制度和产品监管制度，建立了一批规范的转基因生物环境安全检测机构和转基因产品检验结构。

1979 年 8 月，日本颁布了《重组 DNA 实验导则》，规定转基因生物的开发首先要在封闭的环境中开展，并规定开发的转基因作物商业化之前，必须对环境安全性、食品安全性和饲料安全性进行认证，从而确保转基因生物的安全性。目前，日本有文部科学省、通产省、农林水产省和厚生劳动省 4 个部门进行转基因生物安全的管理并颁布了各自的转基因生物安全准则。1986 年 6 月通产省颁布了《转基因生物工业化准则》，规定重组 DNA 技术在工业应用中的基本要求及条件，以确保重组 DNA 技术的安全；1987 年，文部科学省颁布了适用于在封闭设施内重组 DNA 研究的《重组 DNA 实验准则》，主要内容包括重组 DNA 实验等级划分和实验要求、转基因技术及生物相关特性的安全评估、转基因相关研究机构及人员的责任规定和审批程序，规定农林水产省负责审批试验阶段的重组 DNA 研究；1986 年，厚生劳动省颁布了旨在推动和规范生物技术在化学药品、化学产品和化肥生产领域应用的《重组 DNA 工作准则》，主要内容包括安全性评价、控制设备和操作规程、管理和责任规定，1992 年 4 月，该部门又制定了不直接用于消费的转基因产品的食品安全指导原则，1994 年 8 月，首次批准使用该指导原则的是转基因凝乳酶（在制造奶酪过程中使用的一种牛奶凝结酶，而且也得到美国和欧盟的批准）；1992 年，农林水产省颁布了《农、林、渔及食品工业应用重组 DNA 准则》，并进行了相关修订，目前施行的是 1995 年第三次修订版，该准则主要对转基因实验动物、转基因植物和转基因微生物的管理进行了规定。

目前，日本关于转基因生物安全的最新立法还包括 2003 年制定的《规制转基因生物保护生物多样性法》及其实施细则，并在此法令的基础上，2004 年，经济产业省、厚生劳动省和农林水产省等发布了相关省令。

对转基因食品，2001 年 4 月之前，日本实行自愿性标识制度；2001 年 4 月 1 日，日本实施了一系列强制性标识法规，农林水产省正式颁布实施《转基因食品标识法》，对已经通过日本转基因安全性认证的大豆、玉米、马铃薯、油菜籽、棉籽 5 种农产品及以这些指定农产品为主要原料，加工后仍然残留重组 DNA 或蛋白质食品，制定了具体标识方法，并对无需标识的加工食品以及不得出现在食品标签上的用语进行了规定，规定转基因食品的标识阈值为 5%，即食品主要原料中批准的转基因成分达到 5%后才需要强制性标识，对于未批准的转基因生物，转基因食品的标识阈值为 0。同时，日本在农林水产省和厚生劳动省的监督管理下，依据转基因食品标识法，通过 IP 身份保存系统和标签标识系统，初步建立了日本转基因产品溯源管理模式。

## 四、澳大利亚

澳大利亚联邦政府通过立法对转基因技术环境释放、转基因产品的商业化和进出口进行管理，并在联邦法律框架下，州政府通过制定和执行地方法律和法规，对转基因技术应用和转基因产品生产做进一步管理，例如在转基因技术风险许可的范围内，联邦商业化释放某转基因技术后，州政府有权制定和执行该转基因技术的暂缓种植法令。

澳大利亚联邦政府在2000年12月21日通过了《基因技术法案》，并于2001年6月21日生效，作为规制转基因技术的一个基本法，对涉及转基因产品的研究、田间试验、制造与生产、商业化释放与转基因产品的进口进行全面管理。但在执行该法案的同时不得违反联邦、州政府的其他相关法律。例如：《药品管理法》规定基因技术药物除了应与常规药物一样按照GMP标准生产、常规安全检测、质量检测和有效性检测外，同时还应当进行与基因技术产品相关的安全性实验与检测；《检验检疫法》的相关条款规定了转基因生物及其制品、外源物种引进或带入，是澳大利亚防止有害物种入侵的主要措施和手段；2002年12月澳大利亚-新西兰食品标准委员会(Food Standards Australia New Zealand，FSANZ)颁布了《食品标准法典》，规定了转基因食品的生产、加工、包装、运输和销售等内容，并规定了所有转基因食品或成分在上市之前实行安全性评价和进行强制标识。

澳大利亚基因技术调节办公室(the Office of the Gene Technology Regulator，OGTR)在转基因技术管理过程中专门组织对转基因释放，特别是对转基因产品的风险评定和风险管理等工作，在此过程中，主要起协调各部门的作用，包括基因技术道德委员会、基因技术团体顾问委员会、基因技术咨询委员会等，这些部门需要向OGRT提供具体的行动方案和建议。OGTR的另一个职能是向社会公众发布有关受理转基因产品的申请释放、批准等相关信息，目的是使公众了解澳大利亚目前转基因技术利用情况及转基因产品信息，同时依据《基因技术法案》批准GMOs在实验室研究阶段、大田释放阶段、安全检测和商品化生产等各个阶段的许可证。

此外，其他职能机构和部门也参与国内转基因食品政策制定和管理：澳大利亚农林渔业部对FSANZ组织的转基因食品的评定和商业释放以及相关的标识等问题进行评价。澳大利亚检验检疫局(Australian Quarantine and Inspection Service，AQIS)与FSANZ对基因产品的进口贸易进行管理，其中FSANZ依据食品风险评定政策提出进口食品的检疫方案，AQIS按照1992年进口食品控制法进行取样和检验。另外，健康和老年部(Department of Health and Ageing，DHA)所属的治疗性商品管理局(Therapeutic Goods Administration，TGA)负责管理转基因产品在人类治疗方面的应用。澳大利亚农药、兽医药品管理局(Australian

Pesticides and Veterinary Medicines Authority,APVMA)在批准任何转基因或含有转基因成分活性物质、化学产品及上述产品标识除了遵照本部门的法律法规外，还必须遵照《法案》中的专门规定。

自2002年12月起,FSANZ规定转基因食品或食品中含有转基因成分,或最终食物中含有转基因的添加剂或加工助剂需加贴标签,以下三种情形必须标注:一是该基因改造食物成分具有与同种的非转基因产品差异很大的特质。例如,转基因技术提高了产品的维生素含量,必须加贴标签。二是产品本身自然发生的毒性与同种非转基因产品有显著差异。三是使用转基因技术生产的食物含有“新成分”可能会导致部分人发生过敏反应。但是以下4种情形可豁免标注:一是最终产品中已经不含改造的DNA或蛋白质的精炼食品,如从转基因玉米中提炼的油。二是使用含转基因成分的加工助剂或食品添加剂,但最终产品中不含新的DNA的食品。三是含量低于0.1%转基因食用香料的食品。四是在销售点配制的食物,如餐馆中的食物。

由于消费者对转基因食品安全性的担忧,目前澳大利亚市场销售的转基因产品并不多,且大多属于豁免标识的范围,为避免转基因食品应标识而未标识的问题,澳大利亚竞争与消费者委员会(Australian Competition and Consumer Commission,ACCC)对流通领域进行监督,确保任何转基因产品或非转基因产品的标识必须与《1974贸易惯例》(The Trade Practices Act 1974)一致。同时对企业从事的《食品标准法典》规定的标识之外的自愿性宣传或“有机食品”、“非转基因产品”标识,ACCC对其进行监督,防止企业使用虚假信息误导和欺骗消费者。

## 第三节　国内农业转基因生物安全管理政策和法规

以基因工程技术为核心的现代生物技术在20世纪已广泛渗入我国农业领域,利用生物技术获得转基因生物新产品、提高粮食产量,改变了传统农业的研究和生产模式,为我们提供了更丰富的食品和医疗产品。2006年,我国政府将转基因生物新品种培育重大专项列入《国家中长期科学和技术发展规划纲要(2006~2020)》,并于2008年开始启动,计划在2020年前获得一批具有重要应用价值和自主知识产权的基因,用于水稻、棉花、大豆等农作物和猪、牛等家畜的抗病虫、抗逆、优质、高产、高效的重大转基因生物新品种的培育,提高农业转基因生物研究和产业化整体水平,为我国农业可持续发展提供强有力的科技支撑。2009年6月,国务院发布《促进生物产业加快发展的若干政策》,提出“加快把生物产业培育成为高技术领域的支柱产业和国家的战略新兴产业”。2010年中央1号文件提出,继续实施转基因生物新品种培育科技重大专项，抓紧开发具有重要应用价值和自主知识产权的功能基因和生物新品种，在科学评估、依法管理基础上，推进转基因新品种产业化。

随着我国政府对生物技术的重视和转基因专项的实施，我国在生物技术领域发展速度非常快，但与此同时，我国也面临转基因生物研究、环境释放和商业化生产所带来的潜在重大风险，因此，加强农业转基因生物安全管理是加快转基因技术的产业化和可持续发展的重要保障，并采取研究开发与安全防范并重的原则，贯彻预防为主的原则，有关部门协同合作的原则，公正、科学的原则，公众参与的原则和个案处理与逐步完善的原则，坚持立法先行、有法可依、执法保障，已经形成了一整套适合我国国情并与国际惯例相衔接的法律法规、技术规程和管理体系，依法实施安全管理取得显著成效。

## 一、农业转基因生物安全管理机构及法规

### 1. 设立完善的农业转基因生物安全管理机构

为了更好地防范转基因生物风险及推动转基因技术的发展，我国设立了完善的转基因生物安全管理机构，同时，由于转基因生物安全管理牵涉到众多部委，为了防止出现管理上的缺位、越位等现象，我国建立了农业转基因生物安全部际联席会议，其成员单位包括：农业部、国家发展和改革委员会、科学技术部、卫生部、商务部、国家质量监督检验检疫总局、国家环境保护总局等，主要职责是：① 研究协调农业转基因生物安全管理工作中的重大问题；② 审定主要转基因作物准许商品化生产的政策；③ 审定实施标识管理的农业转基因生物目录；④ 审定主要转基因生物的进出口政策。保证了转基因生物安全管理的统一性和高效性。

农业部作为我国农业转基因生物安全管理的具体主管部门，在维护转基因生物安全方面扮演着主导性的角色。为此，农业部成立了农业转基因生物安全管理领导小组和农业部农业转基因生物安全管理办公室。领导小组的主要任务是研究农业转基因生物安全管理工作的重大问题，审议、草拟或修订的农业转基因生物安全管理方面的法律法规，研究重要农业转基因生物安全审批、生产与经营许可、进出口政策，以及指导农业转基因生物安全管理办公室的工作。生物安全管理办公室作为全国农业转基因生物安全管理的日常行政机构，主要负责全国农业转基因生物安全的监督管理，统一受理农业转基因生物的安全评价申请、标识审查认可申请和进口申请，审批与发放有关证书、批件以及国家农业转基因生物安全评价与检测机构的认证、管理和安全监测体系建设等，各省、自治区和直辖市也相应建立了农业转基因生物安全管理机构，主要职责是负责本行政区域的农业转基因生物安全监管工作。

同时，转基因生物的环境释放和商业化生产涉及环境污染问题，国家环保总局（现环境保护部）是我国环境保护的主管部门，而且我国政府已向联合国环境署和《生物多样性公约》确认国家环保总局作为我国生物安全的国家联络点和主管部门。国家环保总局设立了国家生物安全管理办公室，在农业转基因生物安全管理方面履行一定的职责。

**2. 制定农业转基因生物安全法规**

我国是一个生物多样性大国，拥有大豆、水稻、油菜、棉花等重要野生种质资源，是大豆、水稻等重要农作物物种的原产地；同时，我国又是农产品进口大国，每年有大量的转基因大豆、油菜、玉米进口，因此，我国对转基因生物的安全管理采取了基于转基因过程的谨慎态度。早在 1993 年原国家科学技术委员会颁布了《基因工程安全管理办法》(已废止)，要求进行安全性评价，并制定了安全控制方法和措施；1996 年，随着转基因技术在国际上商业化，农业部颁布了《农业生物基因工程安全管理实施办法》，该办法对不同的遗传工程及其产品的安全性评价都作了明确的说明，同时对国外研制的农业生物遗传工程及其产品在我国境内进行中间试验、环境释放或商品化生产作出了具体规定。

为了进一步加强我国农业转基因生物的安全管理，保障人体健康、动植物安全和保护生态环境，促进农业生物技术的发展，2001 年 5 月 23 日，国务院第 304 号令颁布了《农业转基因生物安全管理条例》，2002 年 1 月 5 日，农业部同时发布了《农业转基因生物安全评价管理办法》、《农业转基因生物进口安全管理办法》、《农业转基因生物标识管理办法》，并于 2002 年 3 月 20 日起施行；2002 年 3 月，农业部公布第一批实施标识管理的农业转基因生物目录，要求列入实施标识管理目录的大豆、玉米、棉花、油菜、番茄 5 大类 17 种农业转基因生物，必须依法予以标识，属于农业转基因生物的大豆、大豆油等产品，必须标注醒目的农业转基因生物标志，未标注或不按规定标注的不得进出口或销售。2002 年 4 月 8 日卫生部出台了《转基因食品卫生管理办法》，就转基因食品的食用安全性和营养质量评价、申报与批准、标识、监督等进行了管理。而为了加强农业转基因生物加工审批管理，2006 年，农业部发布了《农业转基因生物加工审批办法》。

为了完善对转基因生物产品的安全管理，国家质检总局 2004 年发布《进出境转基因产品检验检疫管理办法》；国家林业局于 2006 年发布《开展林木转基因工程活动审批管理办法》；2007 年 12 月 1 日，卫生部颁布《新资源食品管理办法》，并从当日起开始施行，把转基因食品归类为新资源食品，并进行管理。2009 年 2 月 28 日，第十一届全国人民代表大会常务委员会第七次会议通过的《中华人民共和国食品安全法》，对食品安全的风险检测与评估、许可、记录、标签以及跟踪、召回制度和法律责任等都作了详细规定，为我国转基因食品安全的监管和保障提供了宏观依据。

在转基因生物及其产品的管理方面，我国通过建立安全评价制度、标识制度、生产加工许可制度、经营许可制度和进口审批制度，已形成比较系统的法规和制度，对在中国境内从事农业转基因生物的研究、试验、生产、加工、经营和进口、出口活动进行全面全程的安全管理。

同时，为了对农业转基因生物加强安全管理，根据《农业转基因生物安全管理条例》及配套管理办法，设立国家农业转基因生物安全委员会，负责农业转基因生物的安全评价工作。而为了保证转基因生物安全管理的规范化，农业部在2004年成立了全国农业转基因生物安全管理标准化技术委员会，主要负责转基因植物、动物、微生物及其产品的研究、试验、生产、加工、经营、进出口及与安全管理方面相关的国家标准制修订工作，对口食品法典委员会(CAC)的政府间特设生物技术食品工作组(cx－802)等技术组织与农业转基因生物安全管理有关的标准制定工作。

### 3. 管理制度

分级管理制度：按照农业转基因生物对人类、动植物、微生物和生态环境的危险程度，国家对农业转基因生物安全实行分级管理评价制度，分为4个等级：安全等级Ⅰ：尚不存在危险；安全等级Ⅱ：具有低度危险；安全等级Ⅲ：具有中度危险；安全等级Ⅳ：具有高度危险。

● 安全评价制度：建立国家农业转基因生物安全评价制度，凡在中国境内从事农业转基因生物的研究、试验、生产、进口活动必须按规定进行安全评价。

● 生产许可证制度：生产单位和个人生产转基因植物种子、种畜禽、水产苗种，应当取得农业部颁发的生产许可证，才能够开展相应农业转基因生物的生产活动。

● 经营许可证制度：经营单位和个人经营取得了生物安全证书的转基因植物种子、种畜禽、水产苗种，应当取得农业部颁发的农业转基因生物的经营许可证后，才能够从事相应农业转基因生物的经营活动。

● 标识管理制度：凡在中国境内销售列入标识目录的农业转基因生物，必须实行标识，同时规定了标识方法。

● 进出境申报审批制度：对进口农业转基因生物按照用于研究试验、用于生产、用作加工原料3种类型实施安全管理，根据不同的类型制定了相应的管理措施，确保进入中国的转基因农产品的环境安全和食用安全。

● 加工审批制度：对以具有活性的农业转基因生物为原料，生产农业转基因生物产品的单位和个人，应当在取得加工所在地省级人民政府农业行政主管部门颁发的农业转基因生物加工许可证后，才能开展相应的农业转基因生物的加工活动。

● 其他制度：对转基因生物的管理还规定了报告制度、进出境转基因产品检验检疫制度、档案制度、应急措施制度和过境转移的审批制度等。

**4. 转基因生物安全管理法律、法规实施的机制**

通过几年的探索和实践，我国已建立起农业转基因生物安全管理的综合管理模式、协调机制，形成了具有中国特色的农业转基因生物安全管理体系和相关技术支撑体系，主要包括行政监管体系、法规体系、安全检测体系、技术检测体系、技术标准体系和安全监测体系。

(1) 建立健全行政监管体系及法规体系

目前，涉及转基因生物安全管理的国务院部门有多个，如环境保护部是全国生物安全管理的主管部门；国家林业局主管转基因林木的安全问题；国家质量监督检验检疫总局负责对通过各种方式进出境的转基因产品的检验检疫；卫生部负责食品的营养、健康和安全。各部门在各自领域承担着安全管理转基因生物的责任，因此，健全管理体制和建立相应政府主管机构是开展转基因生物及产品风险评估和管理工作的组织保证。

(2) 建立健全相关支撑体系

农业转基因生物安全管理是建立在科学评估基础上的行政执法管理，因此，要做好这项技术性很强的工作，需要相关支撑体系。

1) 安全评价体系　对农业转基因生物进行安全评价是世界各国的普遍做法，也是国际《卡特赫纳生物安全议定书》的要求。我国对农业转基因生物实行分级管理的安全评价制度，要求在中国境内从事农业转基因生物研究、实验、生产、加工、经营和进出口等相关活动，应依据《条例》进行安全检测，从而可以采取相应的措施，将农业转基因生物可能带来的潜在风险降到最低，保护人体健康和生态安全。同时，也向公众表明，农业转基因生物的研究和应用是建立在安全评价的基础之上，符合科学、透明的原则。

建立了安全评价咨询机构，确保农业转基因生物研发的安全，成立了由从事农业转基因生物研究、生产、加工、检验检疫、卫生、环境保护等方面的专家组成的国家农业转基因生物安全委员会，负责农业转基因生物的安全评价工作。

2) 技术检测、监测体系　技术检测体系由农业转基因生物安全技术检测机构组成，已逐步建立和完善 3 类农业转基因生物安全检测机构，即：环境安全、食用安全和产品检验检测机构，分别负责对农业转基因生物的环境安全检测、食用安全检测和产品检验工作，确保农业转基因生物及其产品的研究与应用安全。进一步以安全检测为技术平台，建立由行政监管系统、技术检测系统、信息反馈系统和应急预警系统组成的监测体系，对农业转基因生物相关活动进行监测和监控。

3) 标准体系　逐步完善农业转基因生物安全管理标准体系，通过制定农业转基因生物安全管理标准，实现对农业转基因生物安全评价管理的规范化和科学化。

# 第四节 我国农业转基因生物安全管理的发展

经过近十年的努力，我国转基因生物安全管理取得了长足的进步，建立了具有中国特色的法规体系、管理体系和技术支撑体系。在安全评价体系、检测方法、审核制度和标识制度等管理制度与实施方法上所采取的态度和政策已经较为合理谨慎，但不能否认，至今我国仍没有建立起转基因食品监管的有效体制，其管理上还存在许多亟待解决的问题：第一，对转基因食品的风险分析和安全评估的技术规则研究不够，转基因食品的检测技术不能满足产品增长的需要；第二，目前我国仍然没有建立统一的转基因食品管理部门负责整体指挥、协调工作；第三，有关转基因食品管理的法律法规众多，各个法规之间的协调性不足。

## 一、建立健全相应的法律、法规及技术支撑体系

进一步健全相关法律、法规体系，增强法规的可操作性，《农业转基因生物安全管理条例》实施后，农业部等制定了一系列规章、管理规范和标准，形成了我国转基因生物安全管理法规体系。但与发达国家相比，我国法规原则性强，而且新性状、新类型的转基因生物不断涌现，需要进一步规范管理，健全转基因生物检测和评估体系，对转基因生物进行生产、加工、贮运、销售直到进出口各环节全过程严格的检测。因此，应当加强力量，组织制定转基因生物安全评价、监管和检测的管理规范和标准，增强法规的可操作性。

加强转基因产品立法，尽快制定与国际接轨的相关规则与标准，积极参与国际规则制定，用法律的形式将转基因产品标准化管理措施规范化、制度化，同时，我国的转基因产品立法应该符合市场经济的要求，同时按照国际惯例和国际条约的有关指标和数据严格规定转基因产品的标准，从而保证转基因产品的质量安全，防止国际市场上以转基因产品的不安全性抑制正常的国际贸易往来的现象。

## 二、加强转基因生物的进出口管理

2004 年 5 月 24 日，国家质检总局发布了《进出境转基因产品检验检疫管理办法》，有力地保障了检验检疫制度的实行，但是检疫的目的主要是关注产品的转基因成分和标识情况，没有充分考虑其对生态环境的影响情况，我国应当加快转基因产品贸易方面的立法，在《农业转基因生物安全管理条例》的基础上，建立涵盖所有转基因产品进口的提前知情程序、后续监测评估程序，进口转基因产品应用造成损

害的责任赔偿制度以及处理、运输、包装和标识方面的制度。

同时，中国是转基因农产品的种植大国，今后中国的转基因产品的发展应以本国实际利益为出发点，并考虑国际制度环境，更好地将转基因产品推向国际市场。

## 三、加强转基因生物领域的科学研究工作

转基因技术是人类大幅提高生产力的又一个契机，各国都在争夺转基因技术这个新的技术上的制高点。我国应该大力支持在转基因技术研发方面的人力、物力和财力的投入，积极开发新技术、新领域，同时，建立一系列的生物资源库和生物安全信息库，并对这些信息资源建立严格的科学管理制度和良好的运行机制。

## 四、完善公众参与制度

自转基因技术问世以来，世界大部分国家都在不断进行研究发展，并不断将科研成果应用于实践中。根据国际农业生物技术应用研究机构（ISAAA）2009 年 2 月发布的《2008 年度全球生物技术作物商业化现状报告》，现在全球产量排前四位的转基因作物是：大豆、玉米、油菜和棉花，它们的种植面积占全球转基因种植总面积的 99%，这些转基因作物的种植和发展，为社会提供了丰富的农业资源，并被转化为社会生活用品，不断进入社会公众的生活。

世界各国对转基因作物和产品的争论一直在继续，至今都没有得到权威性和统一性的结论，争论的焦点一是质疑转基因产品的效果，二是质疑转基因作物和产品的安全性，包括对人、生物和环境的安全，例如：转基因过程可能会改变传统食品与加工有关的一些特性，一些植物中内源性毒素的热稳定性可能发生改变，导致转基因食品可能会产生一些安全性方面的新问题。

欧洲是反对转基因食品声音最大的地方，欧盟民意调查处（Eurobarometer）对生物技术和生命科学进行的一系列调查显示，大多数欧洲人不支持转基因食品，认为对社会毫无益处并存在很大风险；而美国民意调查表明美国民众通常对待转基因食品问题常常漫不经心。比较显示，美国人比欧洲人知道更多的基础科学事实，他们对转基因问题所做的判断都不是简单的个人抉择，而是所处的社会环境影响导致的。因此，面对转基因作物和产品，社会公众的立场和态度各有不同，相互之间的争论也在所难免，这主要取决于社会公众对转基因作物和产品的认知水平。

我国对转基因食品消费者的态度调查较少，有足够知识与信息来判断和选择转基因食品安全问题的人所占比例很可能低于 5%，甚至对部分群体解释什么是转基因都很难，对转基因食品安全问题就更难于表述了，因此，消费者对转基因食品的安全意识十分有限。在此情况下，公众的知情权和选择权尤其重要。转基因

生物安全问题，特别是转基因食品的健康问题与公众关系密切，公众当然有权积极参与其管理过程。而且公众参与制度也是联合国《生物多样性公约》和《卡塔赫纳生物安全议定书》中要求各个缔约国必须达成的一个最低标准，例如《卡塔赫纳生物安全议定书》在其序言中要求各缔约方：意识到现代生物技术扩展迅速，公众日益关切此种技术可能会对生物多样性产生不利影响，同时还需顾及对人类健康构成的风险；并将"公众参与意识"列为第23条，强调公众意识与参与的必要性。

因此，应不断改进公众参与制度，确立和完善公众的转基因食品知情权、公众的生物安全立法参与权、公众对行政执法的监督权和法律诉讼权；加强生物安全的信息发布和公众宣传，通过多种途径加强公众交流，加大对转基因生物技术研发人员宣传培训力度；在风险评估和风险管理过程中，增大利益相关方的参与程度，及时发布信息，加大公众宣传的投入，建立专门的风险交流队伍，营造良好社会氛围；扩大公众参与的范围，建立公众参与生物安全管理的固定渠道和正确引导非政府环保组织；最后通过公众参与，鼓励公众关注转基因生物的健康风险，提高公众对转基因生物及其安全性的认识，获得公众对转基因工作的理解和支持，使得国家的相关法规和政策能够更好地执行。

# 第六章　转基因生物检测技术

## 第一节　检 测 策 略

目前，许多国家都要求对超过一定阈值的 GMO 产品实施转基因食品的强制标识制度，已有 50 多个国家和地区实施转基因产品的标签制度。因此，快速、准确、高通量的转基因产品检测方法是保证转基因生物及其产品标签制度顺利实施的基础。对于转基因生物及产品，其核心内容是针对转基因生物中整合在染色体上的 DNA 片段或者其翻译的蛋白质进行检测，因此常用的检测方法主要分为两类(图 6－1)：一类是基于外源蛋白质靶标的蛋白质检测方法；另一类是基于核酸靶标的核酸检测方法。

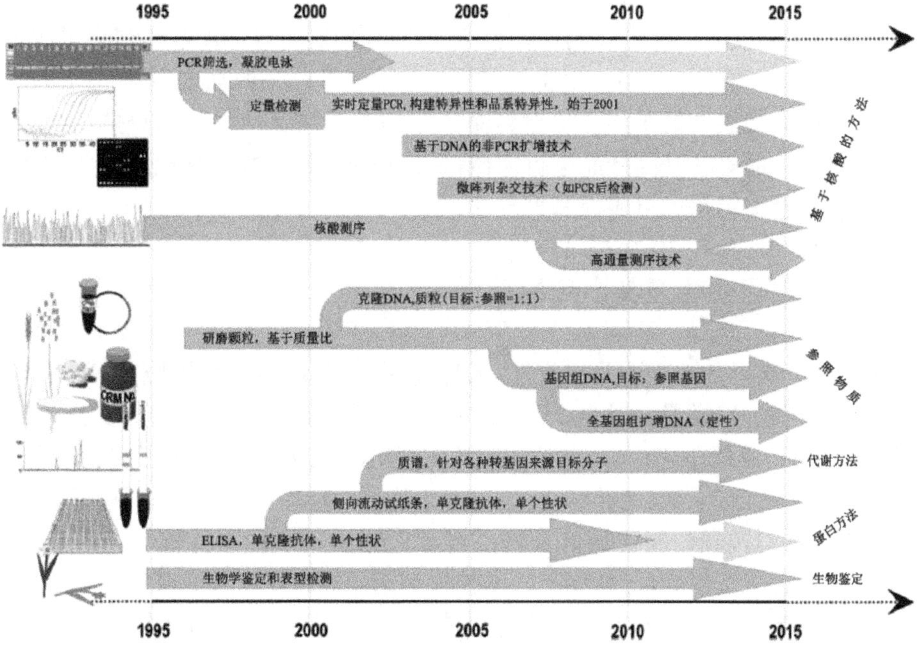


图 6－1　转基因检测方法和有证标准物质发展趋势
(引自 Holst-Jensen，2009)

转基因生物外源蛋白质，即外源基因所表达的蛋白质占总蛋白质含量较低，通常难以检测，尤其是蛋白质经加工处理后其原有的性状会改变，因此，针对外源蛋白质的分析检测技术发展受到了很大限制，相对而言，核酸的稳定性大大高于蛋白质，核酸检测方法的灵敏度高，已经成为转基因产品检测的主要方法，目前，针对目的DNA的检测技术主要有三种：分子杂交技术，即Southern Blot方法；PCR检测方法；基因芯片技术。PCR方法是目前最准确的应用于转基因植物检测的方法，可用于单重、多重筛选检测或品系鉴定，也是目前大多数转基因目标高通量检测中目标扩增方法之一。PCR方法按性质可分为定性和定量PCR两种检测方法，包括定性PCR检测、复合定性PCR检测、巢式PCR、竞争性定量PCR检测、PCR－ELISA、荧光定量PCR检测等类型。如ISO已经批准了转基因食品的定性PCR检测标准（ISO/DIS 21569：2002），转基因食品的定量PCR检测标准（ISO/DIS 21570：2003）和转基因食品的蛋白质检测方法标准（ISO/DIS 21572：2002），这些标准中明确说明了这三种方法在不同转基因植物或食品中的应用及范围。

## 第二节 转基因生物及其产品的检测采样方法

转基因生物及其产品的检测主要包括采样，样本制备，DNA或者蛋白的提取、检测和分析等步骤（图6－2）。由于转基因生物及其产品来源众多、基质差异较大，采取科学的、有代表性的采样方法对转基因生物及其加工产品，如原材料、初级加工品、高级加工品等转基因产品进行采样，是转基因生物及其产品检测的关键步骤之一，可保证检测结果的可靠性和重复性。

### 一、转基因生物及其产品的采样

为了保证结果的准确性及重复性，采样及制样应具有：① 代表性：采集样品能符合群体情况，采样量一般为1 kg；② 典型性：采样的部位能反映所要了解的情况；③ 适时性：根据研究目的，在不同生长发育阶段，定期采样。为了避免污染，应确保抽样器皿清洁、干燥、无异味，存放时置于清洁的环境中，避免雨水和灰尘等外来物引起的污染，抽样、制样器皿及样品容器所用材质不应对待抽取样品造成污染，尤其为避免交叉污染，应使用不同的抽样和制样器皿或设备抽取和制备不同批次的样品，盛装样品的容器或包装应尽可能一次性使用。为了避免样品的组成发生变化，所有抽样操作应在尽可能短的时间内完成。同时，在抽样过程中应避免样品散落，防止有活性的生物污染生态环境。

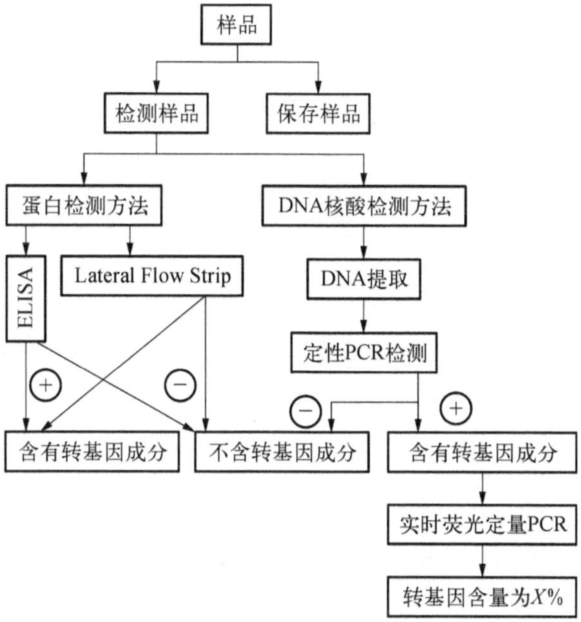


图 6-2　转基因产品检测流程
（引自张大兵，2011）

制备样品应在物理隔离的区域内完成，防止对其他区域或实验室造成污染，制备样品完成后，应及时清洁制样区域，必要时使用 DNA 销毁剂处理抽样和制样器皿和设备、样品容器及制样区域。

对于田间检测样品，如粮食作物，由于粮食作物生长的不均一性，一般采用多点取样，避开田边 2 m，按梅花形（适用于采样单元面积小的情况）或"S"形采样法采样。在采样区内采取 10 个样点的样品组成一个混合样。采样量根据检测项目而定，籽实样品一般 1 kg 左右，装入纸袋或布袋；要采集完整植株样品可以稍多采些，约 2 kg，用塑料纸包扎好；种籽类样品采 0.5～1 kg（如棉籽、大豆、花生、油菜籽、向日葵籽、芝麻等）。

## 二、抽样数量及制样

抽取的样品必须具有代表性，同时为了保证样品的同质性及结果的可靠性，取样计划及样品数量必须满足统计学和极限限制的要求，确保在大量样品中抽取的样品在统计学上具有代表性及抽样量满足检测的灵敏度。

转基因生物检测时，采样一般可以根据样品的性质选择具体的采样方法，目前，基本上可以将转基因生物样品分为未加工原料、混合样品和加工样品三类，分别采取合适的方法进行采样。

通常情况下，应根据转基因限量水平确定每批中应抽取的原始样品最小数量，当不存在转基因限量水平时，一般按转基因限量水平为1%确定原始样品的最小数量；均匀批份样数不得低于50个，不均匀批不得低于100个，按原始样品最小数量和份样数确定份样量；对于加工产品，每批最小份样数不得低于10个，最小份样量可按原始样品最小质量和份样数确定。具体抽样数量按“GB/T19495.7-2004转基因产品检测抽样和制样方法”进行。同时，对抽取的样品进行必要的初步处理，如去皮(壳)、除水、除油等，并记录初步处理前后样品质量的变化。抽样后，充分混匀后采用分样器缩分法、四分法和点取法等方法缩分至所需量，得到实验室样品。应按批分别制备实验室样品、试样及存查样品，试样的最低留量为50 g。

### 三、样品处理与保存

检测结果应来自同一实验室样品的两份测试样品，当一份测试样品的结果为阳性，另一份测试样品的结果为阴性时，应重做检测。对于检测样品的保存，视样品的状态采取相应的保存方式，为避免样品发生理化变化以及交叉污染，一般将存查样品密封保存于4 ℃或−20 ℃。存查样品一般应妥善保存6个月，如检测样品为阳性，则样品保存期为1年，以备复验、谈判和仲裁。保存期满后，需经无害化处理。

## 第三节 以蛋白为基础的转基因生物检测技术

蛋白质检测方法是检测转入外源基因的表达蛋白，主要适用于抗原性未被破坏的转基因产品。目前已商品化的转基因生物(植物)都以外源结构基因表达出蛋白为目的，因此，基于蛋白质的检测方法具有重要的应用前景。

目前，蛋白质检测主要是基于免疫学和物理化学技术进行，主要有ELISA、试纸条检测、Western杂交、蛋白芯片等方法，其中ELISA应用最广泛，可特异性地检测由转化导入的基因所产生的新蛋白。然而，转基因生物通过遗传修饰并不总是仅仅产生特异性新蛋白质，也并不总是能达到足够高的蛋白表达水平可用于检测，尤其是食品基质中存在很多可能会抑制抗原抗体特异反应的物质，如表面活性剂、脂肪酸、酚类化合物等，对基于蛋白质检测方法的准确度和精确度会产生干扰。同时，免疫学检测方法通常需要完整的蛋白质三级或四级结构，因此这些方法局限于新鲜的和未处理的食品。因此，相比较而言，基于转基因DNA的检测方法具有更好的应用。

## 一、酶联免疫吸附法（enzyme linked immunosorbent assay，ELISA）

ELISA 法是将抗原抗体的免疫反应与酶的高效催化反应有机结合在一起，利用酶标的免疫反应物（抗原或抗体）和免疫吸附剂（抗原或抗体吸附到固体支持物上），进行抗原或抗体测定的一项综合技术。该方法自从 20 世纪 70 年代以来已在分子生物学领域获得大量应用，市场上已有对几种常见的转基因蛋白进行 ELISA 检测的试剂盒。目前主要分为双抗体夹心法、直接法、间接法、竞争法 4 种。使用较多的是双抗夹心法，其灵敏度最高，通常，ELISA 检测试剂盒几个小时内就可以得到定量结果，检测灵敏度可低于 0.1%。

常用的 ELISA 检测方法主要包括：

### 1. 双抗体夹心法

本方法首先将特异性抗体与固相载体链接，形成固相抗体，洗涤除去未结合的抗体后，加入含有抗原的待测样品，如果待检样品中存在相应抗原，即可与包被在固相载体上的特异性抗体结合而吸附于固相载体上，进一步加入酶标记的另一特异性抗体，温育洗涤后，在固相载体上形成双抗体与特异抗原的复合物，加底物显色进行测定，产物的量与样品中受检物质的量直接相关，根据呈色的深浅进行定性或定量分析。

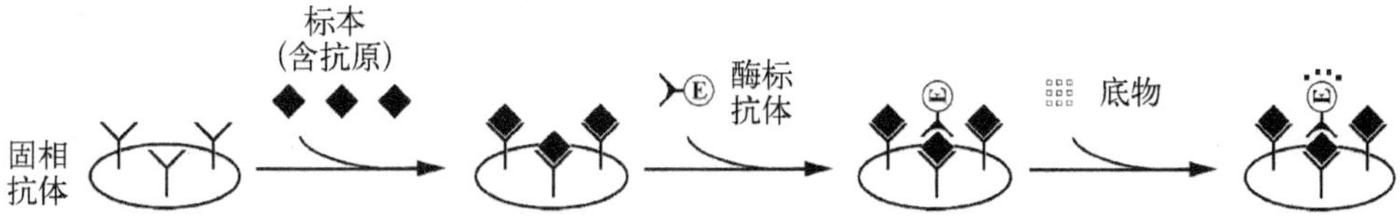


图 6－3　双抗体夹心法原理图

双抗体夹心法是检测抗原最常用的方法，但是仅适用于二价及以上抗原的检测，对于含有多个抗原决定簇的大分子蛋白，具有较好的检测灵敏度。

### 2. 间接法

其原理是将抗原连接到固相载体上，样品中待测抗体与之结合成固相抗原-受检抗体复合物，再用酶标二抗（针对受检抗体的抗体，如羊抗人 IgG 抗体）与固相免疫复合物中的抗体结合，形成固相抗原-受检抗体-酶标二抗复合物，测定加底物后的显色程度，确定待测抗体含量。

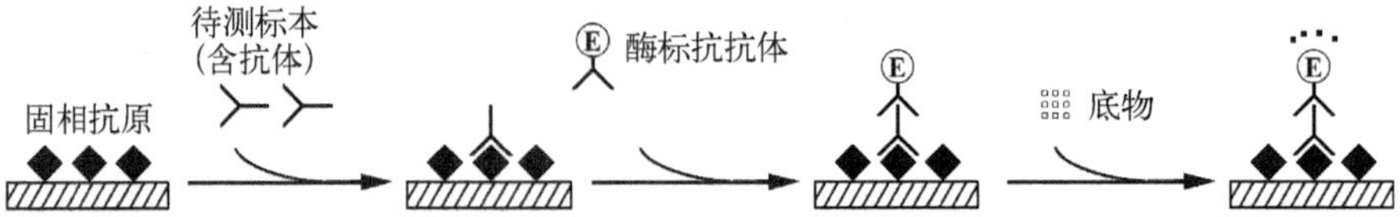


图 6-4 间接法原理图

### 3. 竞争法

首先将特异性抗体吸附于固相载体表面,此过程称为包被,洗涤后,加入样本和一定量酶标记抗原,与固相载体上抗体相结合,样本中抗原含量越多,结合在固相上的酶标抗原越少,最后加入底物后显色也越浅。此方法具有测定速度快、操作简便等优点,测定的抗原仅需一个结合位点,对小分子抗原如激素、抗生素等药物具有较好的应用。

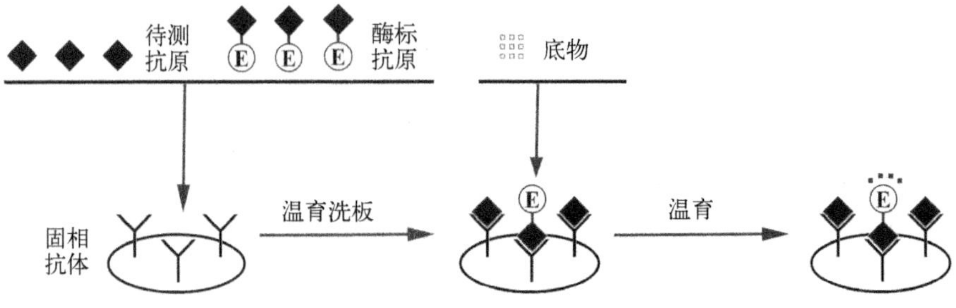


图 6-5 竞争法原理图

王保民从苏云金杆菌培养物中提取 Bt 杀虫晶体蛋白,免疫家兔制备了抗血清,建立了双抗夹心 ELISA 法,对转基因抗虫棉中的 Bt 蛋白的检测结果与生物测定结果完全一致。陈松采用从菌体中提取 Bt 蛋白,作为免疫抗原制备了抗血清,并以 Bt 蛋白为标准蛋白建立了检测转基因抗虫棉植株内 Bt 毒蛋白含量的双抗夹心 ELISA 法,可用于转基因棉花植株中 Bt 毒素蛋白含量的测定。秦崇涛等利用从细菌中分离的纯品 Cry1Ae 蛋白作为抗原,成功制备了多克隆抗体,应用抗体进行了直接法、间接法和双抗夹心法等 ELISA 方法检测转 Cry1Ac 基因水稻中 Bt 的含量,结果表明双抗夹心法是一种比较理想的定量检测水稻中 Bt 含量的方法。

转基因生物的研究过程中,在转录和翻译水平上检测外源基因是否能够表达及表达量具有同样的重要性,目前在转录水平上测定是否有 mRNA 的积累可以很方便地通过 RT-PCR 或 Northern blot 分析来实现;但在翻译水平上欲测定基因表达的直接产物在很大程度上取决于是否能获得合适的抗体,对于原本在生物体内含量很低的基因表达产物——如某些酶的测定,由于分离纯化非常困难而难以实现,如通常生物异戊烯基转移酶含量很低,在进行其转基因研究时较难测定。许家喜等根据异戊烯基转移酶的 cDNA 序列，预测出抗原位点肽并用固相法合成，与载体蛋白偶联后获得对其起专一性反应的抗体，用该抗体通过 ELISA 法成功地检测了转基因烟草根、茎和叶中的基因表达产物——异戊烯基转移酶，为测定难以分离纯化的低含量的基因表达产物提供了一种简便而有效的方法。

现已有一些外源蛋白检测试剂盒研制成功，主要有：美国 Prime 公司的 NPTII ELISA 试剂盒、检测玉米粉中的 Star-link Cry9c 蛋白的 Bt9 玉米检测试剂盒、检测大豆 Roundup Ready 表达的 CP4 - EPSPS 蛋白的 Soya RUR 试剂盒、检测 Yield Gard 玉米中的 Bt 蛋白的 MON 810 试剂盒。另外，美国 Enviro logix 公司生产的 Cry1Ad/Cry1Ac 平板试剂盒，是定量检测 Bt 杀虫蛋白的专用试剂盒，已经在转基因 Bt 玉米检测上得到应用。

## 二、侧向流动型免疫检测

该方法与 ELISA 方法相似，是基于三明治夹心式技术原理，在一种膜支持物上，标记的抗原-抗体复合物侧向迁移，直至遇到在一种固定表面上的抗体。该方法具有样品前处理简单、分析迅速、易于避免由于样品的制备而产生错误结果等优点。

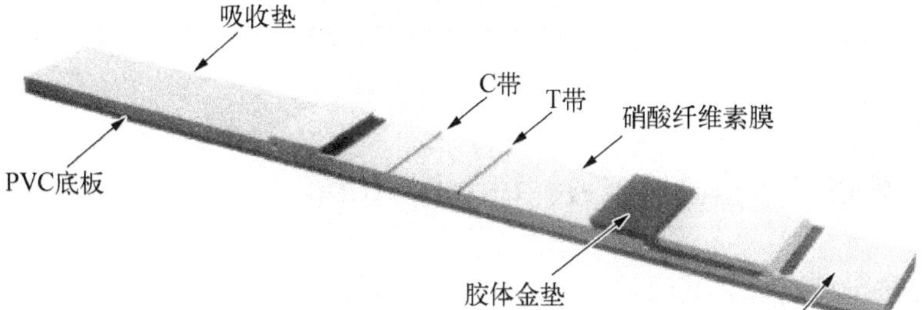


图 6 - 6 金标免疫检测试纸条系统示意图

试纸条系统通常使用多孔膜(NC 膜)作为固相载体，NC 膜具有很强的蛋白吸附功能，抗体吸附于 NC 膜并经干燥处理后即作为固相，可与液相中的相应抗原抗体免疫金快速结合。该检测系统主要由以下几部分组成：

- 硝酸纤维素膜：高蛋白亲和性的高分子纤维素膜(NC 膜)；
- 样品吸收垫：采用吸水玻璃纤维，加速吸水；
- 胶体金垫：采用吸附力较强的玻璃纤维，作为标记抗体的固相载体；
- PVC 底板：一种塑料基板，作为反应体系的支撑物。

样品经研磨后用缓冲液或蒸馏水抽提和稀释，混匀后静置，取上清液作为测试样品。

在湿润状态下，液相中的抗原抗体免疫金可作快速定向泳动并与固相另一抗原决定簇单抗结合，形成特异的金标记抗体-抗原-抗体红色沉积线，表现出特异的抗原抗体反应。结果判定：如果Cry1/Ab/Ac蛋白在植物样品中浓度等于或高于其检测灵敏度时，在检测带（test line）及质控带（control line）上出现红色沉积线。如果样品中无此成分，在检测过程中检测带没有发生特异的抗体抗原反应，仅在质控带上出现胶体金标记红色沉积线。对于转基因抗虫棉阳性标准品，该方法的检测灵敏度在0.25%以上。

阴性：质控区C出现红色条带，测试区T未出现红色条带；

阳性：质控区C出现红色条带，测试区T出现红色条带；

无效结果：质控区C未出现红色条带，表明试纸条已变质损坏或操作过程不正确，需重新测试。

试纸条方法是一种快速简便的定性检测方法，将试纸条放在待测样品抽提物中，5～10 min就可得出结果，不需要特殊仪器和熟练技能。但一种试纸条只能检测一种蛋白质，且只能检测有无存在外源蛋白而不能区分具体的转基因品种。该方法按照合适的采样步骤，可以在给定的一批样品中以99%的置信水平检测出少于0.15%的转基因成分。美国检测Starlink玉米中的Cry9e蛋白的试纸条已成为美国官方的检测方法。北京安普生化科技有限公司销售的由美国SDI公司研发的Trait Bt9 Lateral Flow试剂条可以检测Star-link(CBH-351)玉米品种中源自苏云金杆菌的基因表达的Cry9C蛋白。

## 三、蛋白质免疫印迹（Western blotting）

该方法是检测外源基因是否表达相应蛋白的权威检测方法，将蛋白质的电泳、印迹、免疫测定融为一体，具有较高的检测灵敏度。但是该方法操作较为繁琐、费用较高，不适于快速、大量样品的检测。

## 四、PCR-ELISA方法

自PCR诞生以来，人们就在努力探索PCR定量的方法。荧光素染色凝胶电泳在PCR最初的一段时间是唯一的检测技术，因此，人们在凝胶电泳的基础上使用扫描照片进行光密度分析，以求实现PCR的相对定量。但是琼脂糖凝胶电泳法只能粗略判断产物的大小，并不能鉴别产物的特异性，因此在常规PCR检测中出现非特异性、假阳性等问题。

由于固相捕获技术的成熟和应用，特别是酶联免疫吸附试验（ELISA）的成功，给核酸定量提供了一个思路。此后，应用固相捕获的 PCR 定量技术应运而生。即在 PCR 扩增以后，在微孔板上借用酶联免疫吸附试验（ELISA）的原理，使用酶标抗体，进行固相杂交来实现定量，被称为 PCR－ELISA，是用免疫学方法检测 PCR 产物，将 PCR 的高效性和 ELISA 的高特异性结合在一起。其步骤主要包括：核酸提取和制备；PCR 扩增；微孔预杂交；产物杂交；显色；检测分析。

PCR－ELISA 原理：首先，使用亲和素包被微孔板，再用生物素标记捕获探针 3′端（捕获探针 5′端和待检靶序列 5′端的一段互补），通过生物素和亲和素的交联作用将捕获探针固定在微孔上，制成固相捕获系统。其次，在扩增时，引物用抗原（生物素、地高辛、荧光素酶等）标记，这样扩增产物中就会带有抗原。用扩增产物与微孔上的捕获探针杂交，靶序列被捕获。再在微孔中加入用辣根过氧化物酶标记的抗体，抗体与靶序列上的抗原结合，再加入底物使之显色，颜色反应通过酶标仪读数。液相的 PCR 产物可通过凝胶电泳进行检测，也可进行杂交检测。常规的 PCR－ELISA 法只是定性实验；若加入内标，作出标准曲线，也可实现半定量的检测目的。

PCR－ELISA 的优点：PCR－ELISA 相对于凝胶光密度定量，检测结果更可靠，可用于半定量检测，无论是灵敏度、特异性、准确度都有很大的提高，其灵敏度高于常规的 PCR 和 ELISA 检测方法，可达 0.1%。同时，所需仪器简单、操作简便，可实现大批量检测。

目前国外已开发出转基因产品 PCR－ELISA 检测试剂盒，我国也已建立了检测转基因产品的 PCR－ELISA 法。刘光明等应用 PCR－ELISA 检测技术，建立了转基因大豆与玉米中常用外源基因的快速检测体系，并将其应用于进出境产品的转基因检测。陈茄等报道，利用常规 PCR 和地高辛标记的 ELISA 进行比较检测试验，结果表明，Dig－PCR－ELISA 检测比常规电泳检测敏感性提高 1 000 倍。在样品制备条件完全一致的前提下，Dig－PCR－ELISA 可检测含量为 0.1%的转基因样品，而常规 PCR 的检测极限为 1%～2%，足以达到欧盟转基因检测阈值为 1%的要求。

## 五、免疫 PCR

ELISA 是以酶反应检测抗原抗体反应，而免疫 PCR 是用 PCR 检测免疫学反应。PCR 是一种模拟天然 DNA 复制的体外扩增法，存在模板、引物、底物、DNA 聚合酶的情况下，通过变性-退火-延伸的循环反应使极少量的 DNA 的特定片断，在短短几小时内扩增上百万倍。免疫 PCR 是将一段已知序列的 DNA 片段标记到抗原抗体复合物上，再用 PCR 方法将这段 DNA 扩增，然后用常规方法检测 PCR 产物，特异性 PCR 产物的存在表明，有该 DNA 片段标记的抗体所针对的特异性抗原存在。因此免疫PCR即为DNA标记免疫测定技术。由于PCR具有强大的扩增能力，因此比常规的免疫学方法，如ELISA的灵敏度可提高几个数量级。

将DNA标记到抗体分子的方法有多种，一种是通过链亲和素-蛋白A的融合蛋白，它具有2种独立的结合功能，链亲和素结合生物素，蛋白A结合免疫球蛋白G的Fc部分，从而使生物素标记的DNA片段连接到IgG分子上。另一种方法是用单特异性的多价结合分子，如亲和素或链亲和素，它们是四价分子，即一个分子可与4个生物素分子结合，因而可以将生物素标记的DNA片段与生物素标记的抗体分子结合到一起。

免疫PCR技术尚处于科研阶段，目前还没有商品试剂盒供应。但免疫PCR在信号测定上无需特殊的仪器设备，且检测灵敏度高，随着基因扩增技术的发展和标准化，免疫PCR技术在各领域的应用将成为现实。

## 六、蛋白芯片

蛋白芯片即蛋白微阵列芯片(protein chip)是一种高通量、高灵敏度、高特异性且微型化的蛋白质分析技术，通过微加工和微电子技术将具有高度亲和特异性的探针分子，如单克隆抗体等，以预先设计的方式固定在尼龙膜、硝酸纤维素膜、玻璃、硅片等载体上组成密集的分子排列，当荧光、免疫金等标记的靶分子与芯片上的探针分子结合后，可通过激光扫描系统(laser scanner-based system)或电荷偶联成像系统(charge-coupled device camera，CCD)对荧光信号的强度进行检测，从而对杂交结果进行量化分析，检测目标蛋白质的存在情况。

蛋白芯片上高度集成的分子微阵列可以在很短时间内分析大量的目标蛋白分子，具有高通量、微型化和自动化的优点，与各种PCR方法检测外源基因相比，蛋白质芯片能真实、直接地反映出转基因产品中外源基因的表达产物情况，且能进行不同生长阶段蛋白表达的实时监控；与ELISA和试纸条方法相比，蛋白质芯片法能克服其一次只能结合一种抗体，无法进行高通量检测的缺陷，实现快速进行检测。汪琳等(2011)建立了可同时检测3种转基因蛋白：Bt Cry1Ac蛋白、植酸酶蛋白、BT Cry1Ah蛋白的抗体蛋白芯片检测法，并具有较高的灵敏性、特异性和可靠性。

## 七、蛋白质组分析技术

蛋白质组差异分析技术可以用来检测转基因植物中外源基因非预期效应。首先在蛋白质组水平上找出转基因植物和非转基因植物的差异，再利用质谱分析等技术对差异蛋白进行分析。另外，转基因植物外源基因的非预期效应的安全性评价也是转基因食品安全监控的很重要的一部分。常规的化学方法只能检测化学成分的变化，却难以准确反映外源基因产生的非预期效应。一般来说，转基因植物外源基因的非预期效应的监控是利用蛋白质组差异分析技术和基因芯片技术，因为这两种技术都可以有效地比较转基因植物食品和非转基因亲本植物之间的差异。

目前，蛋白检测方法还有免疫磁性电化学传感器测定法、二维电泳测定法、质谱测定法等。Volpe 等(2006)利用免疫磁性电化学传感器(IMES)简单而快速地检测了玉米粉中转基因蛋白 Bt－Cry1Ab/Cry1Ac 成分；Kim 等(2006)利用二维电泳检测草甘膦耐受转基因大豆中的 Cp4－EP－SPS(5－莽草酸－3－磷酸合成酶基因)，分别通过等电点、分子质量二维电泳 Cp4－EP－SPS，然后利用 2D 软件分析进行定量检测；Luo 等(2009)运用 2－DE/MS 技术比较分析了转染并表达人粒细胞-巨噬细胞集落刺激因子(hGM－CSF)的转基因水稻胚乳细胞和野生型水稻胚乳细胞，发现它们的蛋白质组有 $10^3$ 个蛋白的差异，并且由此发现 hGM－CSF 因子的表达使细胞产生内质网应激。

# 第四节　以核酸为基础的转基因生物检测技术

转基因生物的核酸检测方法主要是依据目的 DNA 双链与特定的生物大分子结合或者与特异序列的杂交，其中目的 DNA 主要包括转入的具有特定表达功能的基因及其相应的调控元件。目前，针对目的 DNA 的检测技术主要有三种：① 核酸杂交技术，如 Southern Blot 方法；② 基于 PCR 的检测方法，主要包括定性 PCR 法、复合 PCR 法、竞争性定量 PCR 法、荧光定量 PCR 法；③ 基因芯片技术等。

## 一、转基因生物及其产品 DNA 的提取和纯化

目前，绝大多数的转基因生物及其产品的定性、定量检测方法是基于核酸建立的，因此，核酸的提取和纯化是转基因生物及其产品的定性、定量检测方法建立的前提和基础，在 GMOs 的 PCR 检测过程中，样品 DNA 的质量和纯度是影响 PCR 扩增的关键因素。因为：① 转基因植物的遗传信息全部贮存在核酸的一级结构中，故完整的一级结构是保证转基因植物外源目的基因和标准基因 PCR 扩增结果准确性的基础；② 转基因生物中含有大量的 PCR 反应抑制剂，尤其是加工后的转基因产品中常常含有复杂的化合物，如多糖和酚类化合物等，获得高质量和高纯度的样品 DNA 对 GMOs 的检测十分重要。因此，科学的核酸制备和纯化方法可大大提高转基因生物及其产品检测的准确性和可靠性。在进行 DNA 的分离和纯化时，应遵循两个原则：第一，尽量保证核酸一级结构的完整性；第二，排除其他分子对提取和纯化的 DNA 的污染。

**1. 核酸的提取及纯化**

核酸提取的目的是提供合适的可用于后续分析的高质量 DNA。DNA 的质量主要包括提取的 DNA 分子的平均长度、化学纯度以及 DNA 序列及双螺旋的完整性。通常，大多数工业加工的食品经过了物理、化学及酶的处理，大大降低了 DNA 的含量及纯度，而且每一方法的适用性及重复性随特异样品而异，因此，发展了各种 DNA 的提取、纯化方法。DNA 的分离主要包括两个步骤：样品的破碎、DNA 的释放，DNA 的纯化，其中样品的破碎、DNA 的释放通常使用两种方法：碱裂解法释放 DNA，得到的 DNA 可直接用于 PCR 反应；将样品用液氮研磨，然后从磨碎的材料中纯化 DNA；纯化方法主要有酚-三氯甲烷法、PVP 法、CTAB 法、硅土法、胍-三氯甲烷法、离心柱法等，目前已有商品化的高质量 DNA 抽提和纯化试剂盒，如 Qiagen DNeasy plant Mini Kit 方法。

**2. 核酸的定量**

DNA 的定量方法主要有物理方法（紫外光谱法，260 nm 下的光吸收），化学-物理方法（荧光法）、酶法（生物荧光检测）和定量 PCR 方法。其中，定量 PCR 方法主要用于多组分样品以及含量低或已降解的 DNA。

紫外光谱法为溶液中 DNA 浓度定量及纯度检测的常规方法，目前常用检测波长为 260 nm、280 nm 和 230 nm，可通过 $OD_{260}$ 值求出 DNA 浓度，$OD_{260}/OD_{280}$、$OD_{260}/OD_{230}$ 的比值确定 DNA 的纯度，通常，纯的 DNA 溶液其 $OD_{260}/OD_{280}$ 应为 $1.8\pm0.1$，$OD_{260}/OD_{230}$ 应大于 2.0。由于 DNA、RNA 在 260 nm 都存在吸收高峰，因此，核酸溶液中 RNA 和单核苷酸污染物无法用紫外光谱进行辨别。

琼脂糖电泳法是溶液中 DNA 浓度定量的常规方法，可分析 DNA 降解程度、RNA 残留及其他污染物，适用于 DNA 浓度不足以进行光谱定量、DNA 的纯度不高或混有一些吸收紫外线的杂质的 DNA 浓度的测定。

荧光定量测定法的主要原理是利用高度灵敏的荧光染料与 DNA 双链有较高的亲和力的优点，选择性地与双链 DNA 结合后大大增加荧光强度，通过测定的荧光信号数值计算出测定的双链 DNA 的浓度。荧光定量测定法的主要优点是灵敏度高、荧光测定线性范围广（25 pg/ml～1 μg/ml）和外界物质干扰小等，这些独特的优点使其可能成为转基因生物检测实验中 dsDNA 产率精确测定的标准方法。

**3. 主要植物基因组 DNA 大小及基因组拷贝数换算**

通过基因组 DNA 定量测定方法，我们可以准确获得提取的 DNA 样品的浓度和质量，其中包括标准样品。利用测定的 DNA 标准样品的浓度和质量，可以测试转基因定性、定量 PCR 检测方法的检测灵敏度，构建转基因定量检测的标准曲线，测定定量 PCR 检测方法的定量极限等。通常情况下，转基因 PCR 检测方法的检测灵敏度、定量检测极限是通过检测基因的拷贝数或检测转基因的百分含量来表示的。但是，由于不同植物的基因组 DNA 的大小是不一致的，在进行灵敏度和定量检测极限分析时，需要将 DNA 样品的质量换算成基因组的拷贝数，具体的换算方法可以通过下面的公式进行：

$$\text{样品中植物基因组拷贝数}=\text{样品 DNA 质量(g)}/(\text{植物单倍体基因组的大小}\times 324.5\times 2)\times 6.02\times 10^{23} \quad \text{(公式 6-1)}$$

## 二、转基因生物及其产品的检测方法

### 1. 转基因生物及其产品的定性 PCR 检测方法

PCR 技术是 Kleppe 于 1971 年提出，但是这项技术一直到热稳定性的 DNA 聚合酶的出现才得到广泛应用。PCR 技术由于其高灵敏度、高特异性已经被广泛应用于转基因生物及其加工产品的检测。

(1) PCR 基本原理

PCR 技术的基本原理类似于 DNA 的天然复制过程，其特异性依赖于与靶序列两端互补的寡核苷酸引物，主要包括变性-退火-延伸三个步骤，主要过程是模板 DNA 先经高温变性为单链，在 DNA 聚合酶和适宜的温度下，两条引物分别与模板 DNA 两条链上得一段互补序列发生退火，接着在 DNA 聚合酶的催化下以 4 种 dNTP 为底物，使退火引物得以延伸，如此反复变性、退火和 DNA 合成这一循环，使位于两段已知序列之间的 DNA 片段呈几何倍数扩增。当模板分子大于 10 个拷贝时，PCR 反应在 40 个循环内就能得到可检测的 PCR 产物，扩增目标片段的大小应与研究样品 DNA 的分子大小相匹配，如对加工食品中提取的 DNA，扩增产物的理想范围是 60～150 bp，对于未经加工的食品，扩增产物片段可达到 250 bp 左右。

PCR 检测灵敏度为 0.01%，是一种快速、灵敏的核酸检测方法，已在 GMOs 检测上得到广泛应用。GMOs 及其产品的 PCR 检测方法建立的依据是扩增特异性的转基因生物的外源基因片段，在 GMOs 的生产过程中，外源 DNA 片段可以分为通用元件、插入外源基因、外源载体序列三大类，因此，选择不同的特异性目的基因片段得到的 PCR 检测结果可能不太一致，根据不同的外源 DNA 片段，PCR 的检测策略可分为通用元件筛选 PCR 检测、基因特异性 PCR 检测、构建特异性 PCR 检测、品系特异性 PCR 检测。由于 PCR 反应较高的灵敏度，如果出现实验污染或操作污染，可能导致假阳性结果，为了保证实验的准确性，检测时设立阳性目标

DNA对照、阴性目标DNA对照、试剂空白对照和提取空白对照，必要时设立PCR抑制剂对照，同时检测时应检测物种内源基因。因此，在设置合适的对照和检测下限的情况下，通过对PCR反应条件，特别是镁离子浓度及热循环条件的优化，可清楚地判断样品是否为转基因样品，对筛选结果为阳性的样品，应对外源结构特异基因或品系特异基因进行进一步检测。目前我国已经形成了以定性PCR检测方法为主的GMOs检测方法，并指定了相关行业和国家技术标准。

1）通用元件筛选PCR(screen PCR)检测　通用元件筛选PCR检测主要以GMOs的通用元件和标记基因为特异性扩增片段，如*CaMV35S*启动子、*NOS*终止子、*FMV35S*启动子、*7S 3′*终止子等通用元件以及*NptII*、*GUS*、*Hpt*、*Pat*、*aad*等标记基因，在转基因生物的生产过程中，由于相同的通用元件和标记基因常被用于多种GMOs的研究和生产中，大大降低了筛选PCR检测的特异性，常用于GMOs检测的初步筛选，目前，基于通用元件（启动子、终止子）和标记基因的PCR检测方法已应用于GMOs及其产品的筛选检测，有的已经成为欧盟和ISO标准。

2）基因特异性PCR(gene-specific PCR)检测　基因特异性PCR检测以插入外源基因的特异性DNA片段作为目的检测片段，例如*Cry1Ac*、*Cry1Ab*和*CP4-EPSPS*等基因，目前基本上建立了已商业化种植的GMOs的外源目的基因的特异性PCR检测方法。由于相同的外源基因可能在相同或不同的生物中表达形成新的具有相同性状的品系或新的转基因生物，因此，基因特异性检测方法不能特异性地区分具有相同性状的转基因生物及品系。

3）构建特异性PCR(construct-specific PCR)检测　构建特异性是通过检测外源插入载体中两个元件的连接区的DNA序列实现的，具有相对较高的特异性，目前，在转基因生物生物检测中使用较多，已建立了商业化种植的各种转基因植物的构建特异性PCR检测方法，如转基因大豆、玉米、番茄、油菜等。

由于相同的转基因外源表达载体在转基因生物生产过程中可能以一个、两个或多个拷贝的形式插入到生物基因组中，构建特异性检测方法不能特异性区分具有相同性状的转基因生物和不同培育品系。

4）品系特异性PCR(event-specific PCR)检测　品系特异性检测是通过检测外源插入载体与基因组的连接区序列实现的，对于每一个转基因生物品系，都具有特异的外源插入载体与转基因生物基因组的连接区序列，并且连接区序列是单拷贝的，所以品系特异性检测方法具有相对较高的特异性和准确性，已成为目前转基因生物检测研究的重点，如转基因Roundup Ready大豆、转基因玉米品系(Mon810、NK603、T25、Bt11、Mon863、Starlink、GA21和Bt176)、转基因油菜GT73等建立了相关转基因生物品系的品系特异性检测方法。

(2) 定性PCR检测方法

1）巢式PCR(nested PCR)　巢式PCR又称为套式引物PCR，由两对巢式

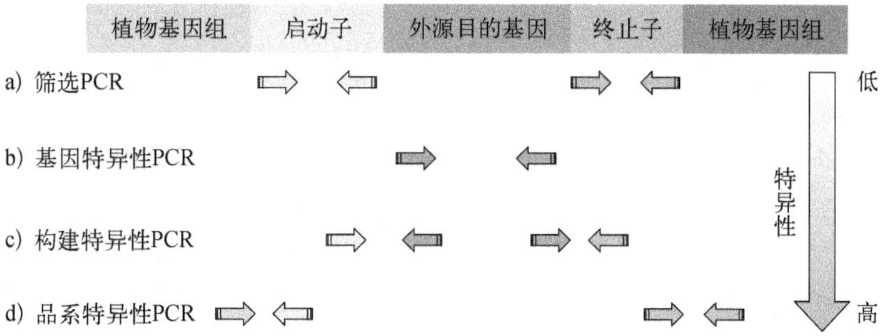


图 6-7　转基因 PCR 检测策略示意图及特异性比较

引物和两轮 PCR 组成，一对引物在目的模板 DNA 的外侧，称为外引物(Outer-primer)；另一对引物对应的序列在同一模板 DNA 的外引物的内侧，称为内引物(Inter-primer)。在第一轮扩增中，外引物用以产生扩增产物，此产物在内引物的存在下进行第二轮扩增；同时，由于内引物位于第一轮 PCR 反应的内部，非目的基因片段包含两套引物结合位点的可能性极小，因此，经过两次 PCR 扩增后，可以大大提高 PCR 检测的灵敏度及特异性，巢式 PCR 对转基因生物及食品样品的快速检测非常有效。

2) 多重 PCR(multiplex PCR)　一般 PCR 仅应用一对引物以扩增一个靶序列，利用 PCR 检测转基因植物时，通常要通过 2 种或 2 种以上的转基因成分的检测结果来判断是否为转基因产品。另外，通常还需要检测植物的内源基因以确定是否提取到 DNA 或 DNA 提取物中是否存在抑制 PCR 反应的物质。普通 PCR 方法在检测这些转基因成分和内源基因上存在缺陷，而多重 PCR 技术是在同一个 PCR 反应体系中同时加入 2 对或者 2 对以上的引物，一次性扩增多个序列的反应过程。通过对多重 PCR 反应体系的组成和 PCR 循环条件的优化等，可实现同时检测多个目的基因片段的目的，与普通 PCR 相比，大大提高了检测效率，节约了大量原料，同时使得高通量地分析多个核酸序列成为可能，弥补了普通 PCR 技术的不足。

多重 PCR 方法是近年来发展的更为灵敏、准确的 PCR，可检测到 2 pg/g 低含量外源基因，已经在转基因生物检测中广泛应用。GERMINI 等报道了在一个 PCR 反应中最多可以同时检测 5 种转基因植物品系(转基因玉米品系 MON810、Bt11、Bt176、GA21 和转基因 Roundup Ready 大豆)的 7 个目的基因，且具有较高的检测灵敏度(0.06%～0.25%)。陈贞(2011)等采用七重 PCR 体系，检测出转基因油菜内源基因 *PEP*、抗除草剂基因(*BAR*、*PAT*)、筛选基因 *NPT*Ⅱ、常见启动子(*CaMV35S*、*FMV35S*)和终止子 *NOS* 基因，具有准确、高效、适于推广的特点。

对于深加工品，由于其经过若干道加工程序，理化性质变化、DNA 断裂，转基因成分检测的难度大大增加，敖金霞(2010)等针对已商品化的转基因大豆、玉米和水稻的主要外源基因 *Cry*1*A*(*B*)基因、*BAR* 基因、*CP*4-*EPSPS* 基因和 *PAT* 基因及共有的内标准基因 *RBCL* 基因设计了 10 对引物，对从超市购买的进口大豆、玉米和水稻的 11 种深加工制品（未标注是否含有转基因成分）进行了五重巢式 PCR 定性检测，其检测灵敏度达到 0.005%。

3）反向 PCR 技术　反向 PCR（inverse PCR，I－PCR）是用反向互补的引物来扩增引物以外的未知序列片段，而常规 PCR 扩增的是已知序列的 2 条引物之间的 DNA 片段。选择在目的序列内没有已知酶切位点的限制性内切酶对该段 DNA 进行酶切，将带有黏性末端的靶序列连接起来，用一对反向互补的引物进行 PCR 扩增，从而得到 2 条引物以外的未知序列。该技术具有快速、高效、稳定、操作简单、经济、引物设计较方便等优点。

韩志勇等利用反向 PCR 克隆转基因水稻的外源基因旁侧序列；凌飞等还利用反向 PCR 技术克隆得到猪 H－FABP 基因 5′侧翼启动子远端上游序列；David 等利用反向 PCR 技术在传统玉米品种中发现了转基因玉米的 DNA。目前，反向 PCR 技术已成功应用于转基因作物的检测，并在对转化事件特异性的检测中取得良好成效。

4）热不对称交错 PCR 技术　热不对称交错 PCR（thermal asymmetric interlaced PCR，TAIL－PCR）是利用目标序列旁侧的已知序列设计 3 个嵌套的特异引物（约 20 bp），用它们分别和 1 个具有低 Tm 值的短随机简并引物（约 14 bp）相结合，以基因组 DNA 为模板，根据引物的长短和特异性的差异设计不对称的温度循环，通过分级反应扩增特异序列，该技术的问世使得从已知序列中分离到其邻近的未知侧翼序列变得简易而高效。经过改进，TAIL－PCR 技术不仅能够分离获得克隆载体上的 DNA 序列，也能用于基因组中已知序列两侧翼的 DNA 序列的分离，如水稻、小麦及哺乳动物等，使其成为分子生物学研究中的一种强大工具。现在，TAIL－PCR 技术已经应用于转基因检测，用其扩增已知序列的侧翼序列，具有简便、特异、高效、灵敏的特点，是有效检测转化事件特异性的重要技术之一，具有较大的应用和推广潜力。

**2. 定量 PCR 检测方法**

目前，为了加强对转基因食品的监督和管理，维护消费者的权益，许多国家都要求超过一定阈值的 GMO 产品实施转基因食品的强制标识制度，而我国也颁布了相应的转基因标识管理的法律法规，实行强制性的标识管理，因此，建立快速、准确、高通量的定量检测方法十分必要。在现有法律的基础上，我国定量分析方法跟欧盟的一致，采用相对定量分析模式，即转基因核酸成分的拷贝数和物种特异性基因的拷贝数之比代表转基因成分含量。

定量 PCR 是转基因 DNA 成分定量检测的主要方法，是对传统 PCR 技术的发展和补充，主要包括竞争性定量 PCR 和实时定量 PCR。严格意义上讲，竞争性定量 PCR 是一种半定量的方法，且是在 PCR 到达平台期后才进行检测，因此其检测的重复性较差;实时荧光定量 PCR 具有重复性好、灵敏度高、污染少、操作简便、易于自动化等优点,自从 1999 年 Vaitilingom 等首次应用该技术进行转基因产品的定量检测以来,相关技术的研究和应用得到广泛开展,定量 PCR 检测技术的检测限可达到 20～30 个拷贝。

(1) 竞争性定量 PCR(QC－PCR)

在同一支反应管中,加入未知含量的待测模板和已知含量的内标模板-竞争性模板,两者可以用同一对引物同时扩增且具有相同的扩增效率,最后通过扩增产物的差异将 PCR 产物分开,分析对比 PCR 产物的拷贝数而对未知模板定量,此为 QC－PCR。此方法对实验仪器要求不高,不足之处是需要利用 DNA 重组技术构建内标竞争 DNA,对于一般实验室难度较大。1998 年欧盟的 12 个实验室使用 QC－PCR 对 0.5%和 2%的抗草甘膦转基因大豆(RRS)进行检测,246 例实验中没有假阴性或假阳性出现,与定性 PCR 法相比,大大降低了实验室间的实验误差,可以对转基因食品的 GMOs 含量进行检测。Song 等(2004)利用竞争性定量 PCR 检测 MON810 和 Event176,可检测到 0.01%的转基因含量,具有较好的应用效果;Studer E 和 Hardegger M 等成功利用该方法对转基因大豆、玉米的转基因含量进行了定量分析。

具体的反应原理见图 6－8。

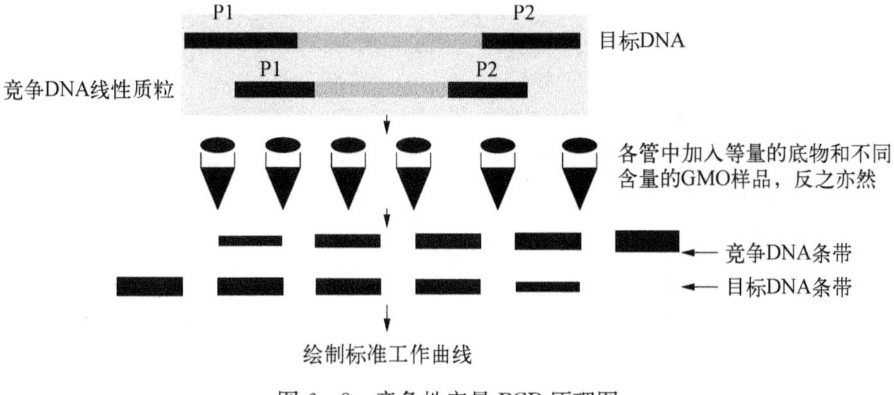


图 6－8　竞争性定量 PCR 原理图

(2) 实时荧光定量 PCR(real-time fluorescence PCR)

实时荧光定量 PCR 技术是指在 PCR 反应体系中加入荧光基团,利用荧光信号积累,对整个 PCR 进程实时监测,通过监测荧光信号的强弱来获知特异性扩增产物的量,最后通过标准曲线对未知模板进行定量分析。定量一般是相对含量,是指两个所检测目标核酸绝对含量(ng 数或拷贝数)的比值(通常采用百分比),如检测的外源基因序列的绝对含量(ng 数或拷贝数)与内源基因序列的绝对含量(ng 数或拷贝数)的比值。

1）基本原理　实时荧光定量PCR过程中，随着反应循环数的增加，产生的DNA拷贝数是呈指数增加并逐渐转入平台期，利用荧光信号累积实时监测整个PCR进程，由于PCR每进行一次循环，PCR产物的量与荧光信号的强度呈对应关系，因此，可在PCR反应处于指数期的某点来检测PCR产物的量，并推断模板的最初含量。

为了对所检测样本进行比较，在实时荧光定量PCR反应的指数期，设置一定荧光信号阈值(threshold)，通常荧光阈值是以PCR反应的前15个循环的荧光信号作为荧光本底信号(baseline)，阈值的缺省设置是3～15个循环的荧光信号的标准偏差的10倍，当荧光信号达到所设定的阈值时，荧光信号被认为是一个可信信号而被检测出来，此时所经历的PCR循环数称为Ct值。每个模板的Ct值与该模板起始拷贝数的对数存在线性关系，起始拷贝数越多，Ct值越小。在检测未知含量的样品时，利用已知拷贝数的标准样品可作出标准曲线，以Ct值为纵坐标，以阳性标准物质-含量或阳性标准分子-拷贝数的对数为横坐标绘制成标准曲线，因此只要获得测试样品的Ct值，便可利用标准曲线计算出该样品中目标核酸的绝对含量(图6-9)。

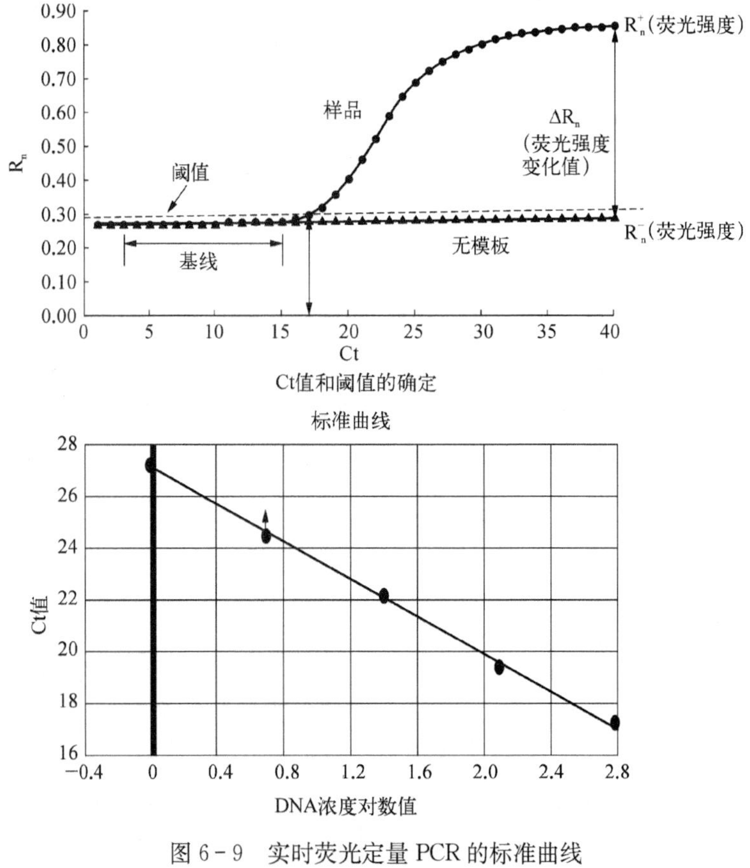


图6-9　实时荧光定量PCR的标准曲线

实时荧光定量 PCR 中反应信号的检测贯穿于整个反应过程，适于高通量和常规分析，是目前应用最广的转基因生物定量检测方法。我国已经初步建立了以 TaqMan 为探针的荧光定量 PCR 法，用在转基因农作物或初加工制品（玉米、大豆、豆粉）进行定量检测，检测灵敏度均达到了 0.1%，并在部分口岸已进行转基因产品的定量检测。

在实时荧光定量 PCR 方法发展过程中，由于采用的荧光材料发光原理不同，该方法又可以分为很多种，如 SYBR Green Ⅰ 荧光染料、FRET 技术、TaqMan 探针、分子信标 Molecular Beacon、sunrise、scorpion、Self-quenched 技术和 UT－PCR 等；又可分为扩增序列特异和非特异的检测两类，其中非特异检测指双链 DNA 内插式荧光染料，如 SYBR Green Ⅰ 荧光染料；扩增序列特异性检测，主要是荧光探针和引物探针，如 TaqMan 探针、分子信标 Molecular Beacon 等。

通常，荧光染料成本低廉，实验设计简便；而探针杂交技术具有更高的特异性和精确度。目前，TaqMan 荧光定量 PCR 方法由于其探针的简单和高度特异性应用最为广泛。

**SYBR Green Ⅰ荧光染料**

非特异性检测扩增序列的代表是 SYBR Green Ⅰ荧光染料。SYBR Green Ⅰ只能结合到双链 DNA(dsDNA)小沟部位，处于游离状态时，检测不到荧光信号，只有与 dsDNA 结合后荧光强度明显增强，PCR 反应过程中 DNA 变性时，DNA 双链分开，不产生荧光；在聚合延伸完成后，SYBR Green Ⅰ染料与双链产物结合，定量 PCR 系统检测到荧光的净增量加大，通过检测 PCR 反应液中的荧光信号强度来对目的基因进行定量或定性分析；SYBR Green Ⅰ 的最大吸收波长约为 497 nm，发射波长最大约为 520 nm(图 6－10)。

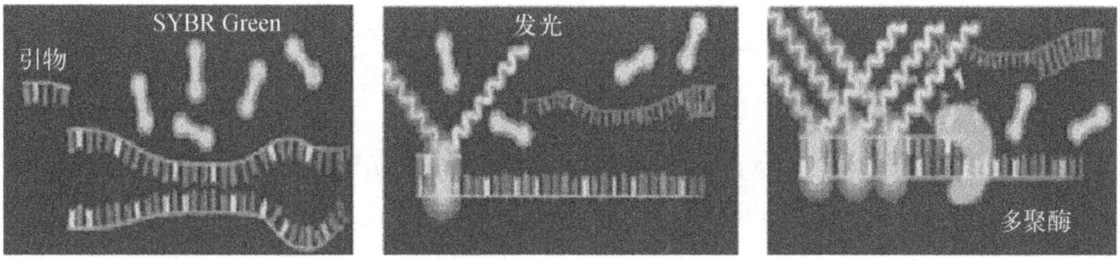


图 6－10　SYBR Green Ⅰ的工作原理

该方法能监测各种双链 DNA 序列的扩增，无需设计探针，具有灵敏度高、成本低等优点，但是由于 SYBR Green Ⅰ能与任何 dsDNA 结合，因此对 DNA 模板没有选择性，易产生假阳性结果。定量分析时对 PCR 引物设计的特异性和 PCR 反应的质量要求较高。

荧光染料法已经在转基因作物的实时定量 PCR 检测中应用得十分广泛，用于转基因检测的饱和性荧光染料主要有 EvaGreen、LC Green 和 SYTO9 等。与 SYBR Green Ⅰ染料相比,饱和性荧光染料的优点在于其有更高的定量准确性和较高的分辨率,这些染料对 PCR 的抑制较低,可以使用较高的反应浓度,对溶解曲线分析影响较小,适用高分辨 DNA 溶解分析(HRM),不仅可以用来定量测定未知样品中转基因成分的百分含量,还可以在溶解曲线分析中区分等位基因变异等。

**TaqMan 探针**

TaqMan 探针通常根据其 3′端标记的荧光淬灭基团的不同分为两种:普通的 TaqMan 探针和 TaqMan MGB(minor groove binder)探针。

TaqMan 探针是一种寡核苷酸探针,它的荧光与目的序列的扩增相关(如图 6-11)。它设计为与目标序列上游引物和下游引物之间的序列配对。探针的 5′端标记有荧光基团(reporter, R),如 FAM、VIC 等,3′端标记有荧光淬灭基团(quencher, Q),如 TAMRA 等。当探针完整的时候,5′端荧光基团受到 3′端荧光猝灭基团的制约,不能发出荧光;随着 PCR 的进行,在聚合酶(5′-3′外切酶活性)作用下,TaqMan 探针被分解,5′端荧光基团被释放出来游离于反应体系中,受激发发射荧光信号,即每扩增一条 DNA 链,就有一个荧光分子形成,实现了荧光信号的累积与 PCR 产物形成完全同步,通过检测反应体系中的荧光强度,可以达到实时检测 PCR 产物扩增量的目的。

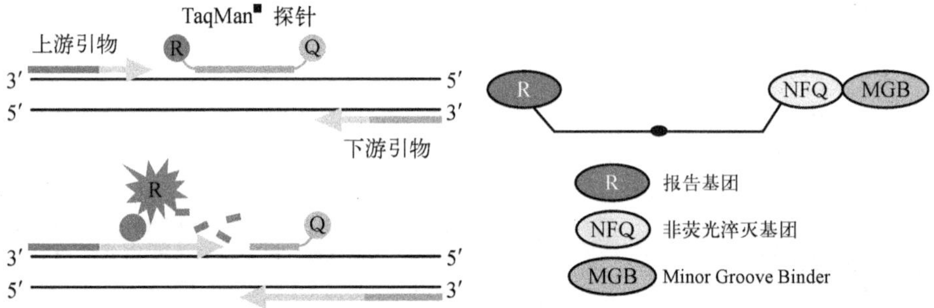


图 6-11 TaqMan 和 TaqMan MGB 探针的结构和工作原理

TaqMan MGB 探针是 TaqMan 技术的一种应用,当 TaqMan 探针与目标序列杂交时,MGB 稳定地退火,掺入到在探针和目标序列之间形成的 DNA 双螺旋小沟内,将探针的 Tm 值提高 10℃左右,而且增强了探针与目标序列的结合和识别能力。

相比 TaqMan 探针,TaqMan MGB 探针提高了探针的 Tm 值,因此可以设计得更短(一般 13～20 个碱基),这样荧光基团与淬灭基团靠得更近,淬灭更加彻底,可降低本底荧光信号,另外 3′端引入非荧光的淬灭基团,可大大提高信噪比,因此该方法具有更好的准确性、稳定性、特异性和灵敏度。LaPaz 等(2007)以转基因玉米 Mon810 事件特异性分析为模型，比较了 SYBR Green Ⅰ、TaqMan 和 TaqMan MGB 等荧光技术的适用性，发现三者都具备良好的稳定性和灵敏度，可以准确测定 0.1%Mon810，另外 TaqMan 和 TaqManMGB 的 PCR 扩增效率达到 90%以上，测定的相对标准偏差（RSD）低于 1.5%，与 SYBR Green Ⅰ 相比，TaqMan 和 TaqMan MGB 在转基因检测中具有更好的适用性。

此外，实时荧光定量 PCR 方法还包括其他荧光探针技术，如锚定核苷酸探针、Allglo 探针（LNA）、荧光能量共振转移探针（FRET）、分子信标检测法（MB）、Scorpions 探针、LUX（light upon extension）荧光探针、Plexor 荧光探针、Antiprimer 探针、复合探针检测法等。应用于转基因检测的实时荧光定量 PCR 的荧光技术正在不断更新和发展，向着更高的稳定性、灵敏度，高通量和低成本的方向发展。

2）实时荧光定量 PCR 在转基因生物及其产品检测中的应用　随着全球对转基因安全的重视，目前已有 40 多个国家和地区实施转基因标签制度，因此，转基因生物及其产品的定量分析成为保障转基因标签制度的关键，尤其是 TaqMan 探针具有简单、稳定性好和特异性高等优点，已经作为国际标准化委员会认可的一种转基因定量 PCR 分析方法，并已经应用于转基因生物检测的 ISO 标准。

目前，在实时荧光定量 PCR 中，模板的定量方法主要由相对定量和绝对定量 2 种，但是无论哪一种定量检测方法都不可避免地要设立参照系统，一般可以分为外参照和内参照系统两种。外参照系统就是指通过绘制一个外标准曲线（external standardization curve）来对被检转基因样品中的目的基因进行定量分析。在转基因生物及其产品检测中主要有两种外参照系统的标准品：一种是一系列已知浓度的纯合的阳性转基因植株的基因组 DNA 溶液；另一种是将目的基因扩增片段转入到质粒中而构建成的标准质粒分子。在每次转基因生物检测时，需要将一系列浓度梯度的标准品与检测样品同时扩增，构建标准曲线，然后通过标准曲线来计算检测样品的浓度。但外参照系统无法纠正标准品的抽提效率和质量的差异，同时标准品和被检样品的扩增效率不同，可极大地影响定量 PCR 的准确定量，甚至产生假阴性结果。为解决这些问题，在转基因生物检测中引进了内标准基因，利用它来建立内参照系统，其标准品也有两种形式，分别是阳性转基因植株基因组 DNA 和同时含有内标准基因和目的基因标准质粒分子，定量 PCR 反应体系中的内标准基因和目的基因探针分别用 2 种不同的荧光染料进行标记，通过同时扩增内标准基因和目的基因，采用双通道荧光检测系统进行定量分析，该方法准确性较高，降低了假阴性的概率且无需制备外部标准曲线。

### 3. Southern Blot 检测

Southern Blot 法的主要原理是将经过凝胶电泳的 DNA 变性处理后，将变性的单链 DNA 转移到硝酸纤维膜或尼龙膜上，经过 80℃烘烤或紫外交联等方法，将 DNA 原位固定于硝酸纤维膜或尼龙滤膜上。当含有特定基因片段已原位转移到膜上后，即可与同位素标记的探针进行杂交，杂交后，洗去膜上的未结合的探针，将胶片覆于膜上，在暗盒中进行放射自显影显示出杂交结果。结合了同位素标记探针的 DNA 片段所在部位将显示出杂交条带，基因的缺失或突变则可能导致带的缺失或位置改变。

利用 Southern Blot 法不仅能够检测外源 DNA，而且能够确定外源基因在植物基因组中的排列情况、拷贝数及转基因植株后代外源基因的稳定性等。Southern Blot 可清除操作过程中的污染（如 DNA 提取过程中的交叉污染）及转化中的质粒残留所引起的假阳性信号。但 Southern Blot 是将目的 DNA 进行原位杂交，没有扩增、放大的过程，所以检测的灵敏度较 PCR 检测方法低得多。同时由于 Southern Blot 的反应条件比较苛刻、时间长、费用昂贵等原因，不适合大批量样品的检测，目前很少用于 GMOs 的检测。

## 第五节　转基因生物及其产品检测新技术

近年来，国际社会和舆论对转基因生物及其产品的环境安全及食品安全日益关注和担忧，因此，转基因生物检测方法的研究得到了高度重视，各种新方法和新技术被应用于转基因生物及产品的检测中，不断开创转基因生物及其产品检测方法的新领域。关于转基因生物检测的方法和技术，除三种（蛋白质检测方法、定性 PCR 检测方法和定量 PCR 检测方法）已经得到国际标准化委员会和其他国家标准化组织认可外，还有多种新方法和新技术已经应用于转基因植物及其加工产品的定性、定量检测，例如基因等温扩增技术、生物芯片技术、色谱技术、近红外光谱技术、生物传感器、毛细管电泳色谱和纳米材料技术等。

### 一、基于核酸检测的等温扩增方法

PCR 技术以简易、快速、特异性好和灵敏度高等优点在转基因生物及其产品检测方面被广泛应用，但是传统的 PCR 检测方法存在操作步骤繁琐，检测时间较长；不适合于现场实时检测和跟踪检测；检测成本过高；对检验人员的知识、操作水平和仪器水平要求过高等不足之处，方法较难普及。

许多以核酸为基础的等温扩增方法由于不需要热循环过程，可实现在等温条件下对特定核酸片段的快速扩增，因此，可以用恒温水浴锅代替昂贵的 PCR 仪器，同时，由于该方法具有高度的特异性和反应效率，近年来在转基因生物及其产品的检测应用方面受到了高度重视，主要有环介导等温扩增（loop-mediated isothermal amplification，LAMP）、依赖核酸序列的扩增（nucleic acid sequence-based amplification，NASBA）、链替代扩增（strand displacement amplification，SDA）和滚环扩增（rolling circle amplification，RCA）等。

**1. 环介导等温扩增技术（LAMP）**

Notomi 等在 2000 年首次报道一种新的 DNA 扩增方法即 DNA 环介导等温扩增法，反应步骤主要包括哑铃状模板合成阶段、循环扩增阶段、伸长和再循环阶段。该方法的基本特点是针对靶基因的 6 个区域设计 4 种特异引物，包括内引物（FIP 和 BIP）和外引物（F3 和 B3），利用一种链置换 DNA 聚合酶（Bst DNA polymerase）在恒温条件（60～65℃）保温 1 h，即可完成核酸扩增反应，扩增效率可达到 $10^9$～$10^{10}$个拷贝，产量达到 0.5 mg/ml，其灵敏度可达到传统 PCR 方法的 10 倍以上，因此，反应的进行不需要高精度的热循环仪，只需水浴锅就可以完成。由于 LAMP 扩增产物在高浓度染料（如 SYBR Green Ⅰ）存在的条件下显绿色，可直接靠扩增副产物焦磷酸镁沉淀的浊度或者荧光染料判断是否发生反应。而且由于 LAMP 方法是由 4 个引物特异性地识别靶序列的 6 个位点，因此 LAMP 方法比传统 PCR 方法具有更高的特异性。在转基因作物种植面积迅猛增长的情况下，该方法可用于快速检测转基因成分，已被用于检测转基因作物中花椰菜花斑病毒的 *35S* 启动子（*CaMV35S*）、*NOS* 终止子、抗性基因 *NPT*（Fukuta S et al，2004；Guan X et al，2010），刘彩霞等（2009）优化 LAMP 反应条件，快速、灵敏、有效地检测转基因大豆及加工品中整合的 *EPSPS* 基因，检测下限为 0.01%，低于国际现行最低检测量 0.5%，可对抗草甘膦转基因大豆及加工品进行定性检测。Lee 等（2009）对转基因油菜的烟草花叶病毒 *35S* 启动子，胭脂碱合成酶基因启动子和终止子进行 LAMP 检测，可从单拷贝模板中检测到转基因成分，检测限也为 0.01%，表明该方法适于多种转基因植物产品的检测。

**2. 滚环扩增（rolling circle amplification，RCA）**

1998 年建立的滚环扩增技术可用于扩增大的环状 DNA 模板，例如质粒和噬菌体 DNA。滚环扩增是通过一个引物杂交到一个环状单链 DNA 分子上，生成延伸产物，另一个引物可以通过置换作用杂交到扩增产物的某个单元。这个引物通过延伸作用置换掉下游的杂交到扩增产物的其他拷贝的引物，置换下来的延伸产物又可以作为模板进行扩增。该技术是借鉴自然界中环状病原生物体 DNA 分子滚环式的复制方式建立的核酸扩增技术，可在室温下进行，使用两个引物就可实现指数滚环扩增，具有快速、灵敏、特异的特点。RCA 体系包括：① 噬菌体 phi29DNA 聚合酶；② 单链模板一般为环状；③ 引物为 1 个或 2 个，也可多个（多

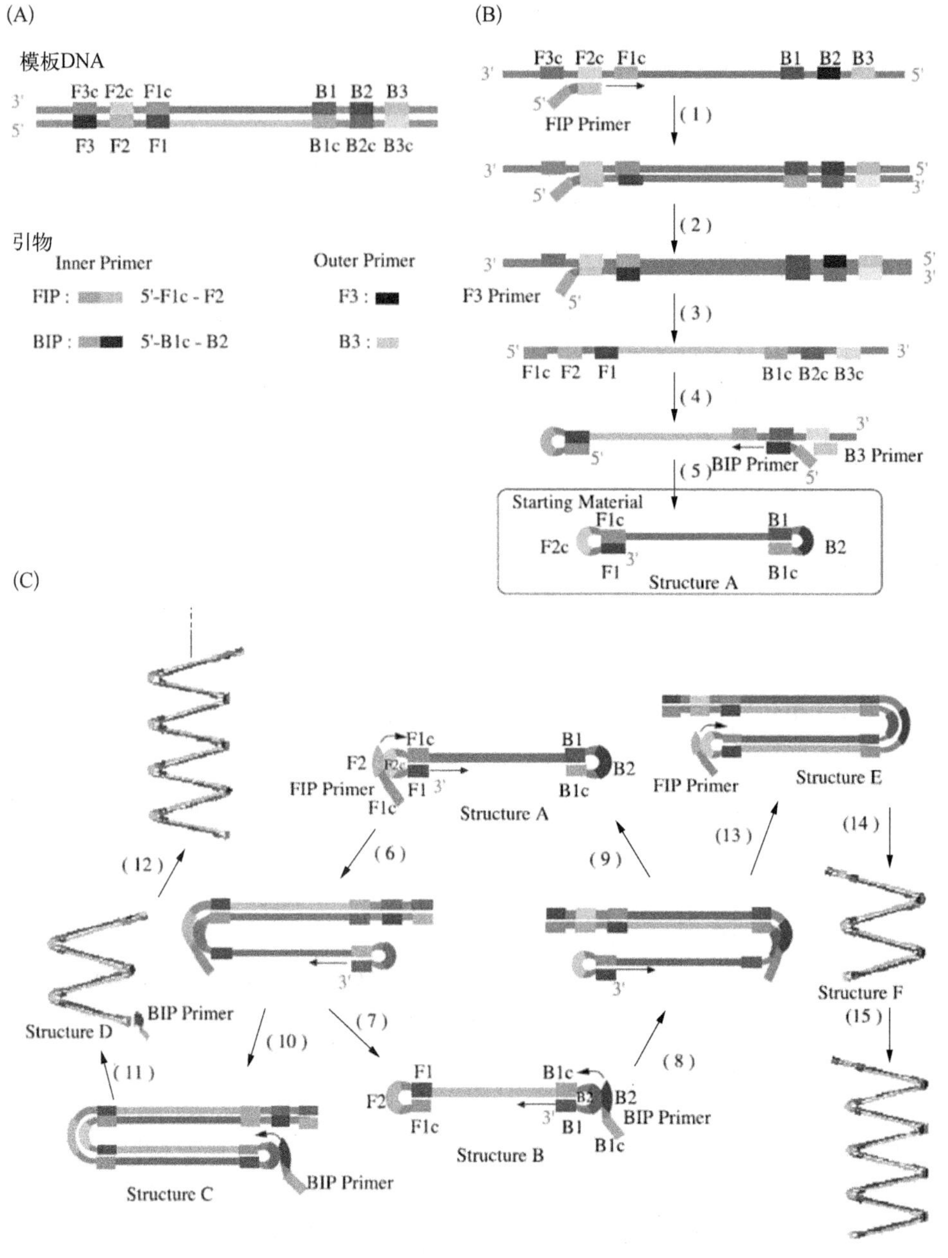


图 6 - 12 LAMP 原理图(引自 Mori et al, 2004)
(A) 引物设计;(B) 哑铃状模板合成阶段;(C) 循环扩增阶段

引物扩增体系),一般具内切酶抗性。郝振明等(2010)以转基因和非转基因大豆、转基因玉米、转基因马铃薯按比例混合配制的多组分转基因复合材料为研究对象,初步建立一种基于超分枝滚环扩增技术的试纸检测方法,其准确性和特异性能够满足常规检测要求。

### 3. 链置换扩增(strand displacement amplification, SDA)

链置换扩增技术是一种等温、酶控的体外核酸扩增技术，其基本系统包括一种限制性核酸内切酶、一种具有链置换活性的 DNA 聚合酶、两对引物、dNTP 以及钙、镁离子和缓冲系统。其基本过程包括准备单链 DNA 模板、生成两端带酶切位点的目的 DNA 片段、SDA 循环三个阶段。主要依据限制性内切酶识别并切割半硫酸磷酸化 DNA 未修饰链以及 5′到 3′外切酶缺陷的 DNA 聚合酶在切口处聚合延伸并取代下游链的特性，这种“打缺口-扩增-替代”不断循环往复，从而达到扩增靶序列的目的。

SDA 技术主要是基于带有限制性修饰的引物和具有链置换活性的 DNA 聚合酶的聚合替代的原理，所以具有高保真性、操作简单等优点，与其他扩增方法相比，SDA 技术可检测微量 DNA，且对 DNA 的纯度要求不高，对于深度加工过的转基因产品的转基因成分的检测非常有利。同时该方法可使用多对引物，可同步检测多个不同的转基因品系，尤其是 SDA 方法结合芯片杂交技术，可用于转基因食品和饲料的定性和定量的检测。

### 4. 依赖核酸序列的扩增(nucleic acid sequence-based amplification, NASBA)

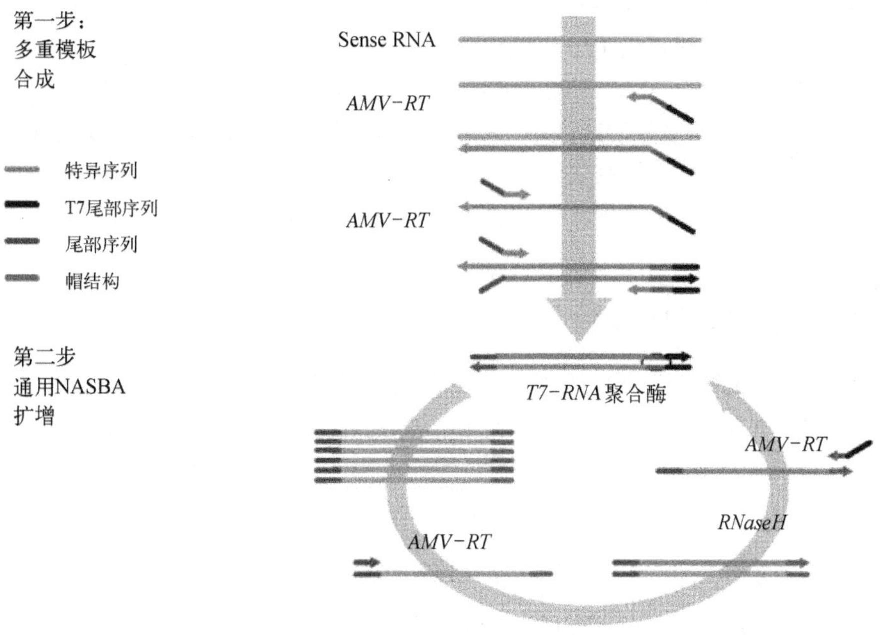


图 6-13　NASBA 原理图

NASBA 反应是一种持续的、以酶为基础的等温扩增技术，标准 NASBA 反应体系中含有 T7RNA 聚合酶、禽骨髓白血病病毒（AMV）逆转录酶、RNase H、脱氧核糖核苷三磷酸（dNTP）、核糖核苷三磷酸（NTP）、一对特殊的引物和缓冲液。扩增循环开始时，靶 RNA 经 AMV 逆转录，形成 RNA∶DNA 杂交体，RNase H 降解杂交体的 RNA，剩下单链 DNA 作为 AMV 的模板，合成含 T7RNA 聚合酶启动子的双链 DNA，后者被 T7RNA 聚合酶不断转录出靶 RNA，由此进入新一轮扩增循环，不断形成靶核酸分子。产物主要为反义单链 RNA、RNA∶DNA 杂交体和双链 DNA。反应在 41℃进行，可在 2 h 内将模板 RNA 扩增 $10^9$ 倍，比传统 PCR 方法高 $10^3$ 倍，而且不需特殊仪器，是一种快速、简便、特异的扩增技术。目前，NASBA 技术已经应用于乳制品中转基因乳酸乳球菌和食品中的转基因成分的检测。

## 二、基因芯片（gene chip）检测

基因芯片（gene chip）又称 DNA 芯片（DNA chip）或 DNA 阵列（DNA array），是 20 世纪 90 年代由美国 Affymetrix 公司首先发展起来的，并于 1996 年实现第一块 DNA 芯片（基因芯片）的商业化。

目前，基因芯片已成为生物芯片的一个重要分支，是指将大量特定的寡核苷酸片段或基因片段有序地、高密度地排列，固定于固相支持物如硅片、尼龙膜等，然后将测试样品的核酸分子经过同位素或荧光物质标记，与固定在固相支持物上的 DNA 阵列中的点按碱基配对原理同时进行杂交，通过激光共聚焦荧光检测系统扫描芯片，用计算机软件分析杂交信号强度而获取样品分子的数量和序列信息的技术方法。可以一次性对样品大量序列进行检测和分析，从而解决了传统核酸印迹杂交（Southern Blot）技术操作繁杂、自动化程度低、操作序列数量少、检测效率低等不足。

### 1. 基因芯片的制备方法

基因芯片的制备主要采用表面化学的方法或组合化学的方法来处理固相基质，然后使 DNA 片段按特定顺序排列在固相基质上，常用的基因芯片的片基主要有硅片、玻璃片、硝酸纤维膜、聚丙烯膜等。基因芯片的操作步骤主要包括：样品制备和标记，杂交反应，信号检测和结果分析。

### 2. 基因芯片在转基因生物及产品检测中的应用

实质等同性原则是目前世界各国普遍认可的转基因生物安全性评价的基本原则，其核心内容是通过转基因生物与其受体生物的比较性分析，筛查出两者存在差

异的目标，并针对锁定的目标进一步评估毒性、致敏性及抗营养作用。

目前，转基因生物及其产品中常用的 ELISA 和 PCR 技术最大的缺点是检测范围窄、效率低，而通常转基因食品中成分复杂，利用普通 PCR 技术往往不能获得完整的信息，对大量的不同品系转基因生物及其产品检测时，无法高通量、大规模地同时检测多种样品，尤其是对转基因背景一无所知的情况下，对各种候选待检基因序列或蛋白的逐一筛查几乎是不可能的。而目前正在研究的转基因产品所涉及的基因数量有上万种，今后都有可能进入商品化生产，需要更有效、快速，特别是高通量的检测方法，DNA 芯片检测因为一次可以定性筛选大量不同种类的基因修饰物而受到了高度重视。

转基因生物检测基因芯片是将目前通用的报告基因（*GUS* 基因和 *GFP* 基因等）、抗性基因（卡拉霉素（*Kan*）抗性基因、潮霉素（*Hgy*）抗性基因等）、启动子和终止子（花椰菜花叶病毒 *CaMV35S* 启动子、*CaMV35S* 终止子和 *Nos* 终止子）的特异片段（靶片段）固定于玻片上制成检测芯片，将从待检样品中提取的 DNA 扩增、标记后与芯片进行杂交，杂交信号由扫描仪扫描后再经计算机软件进行分析判断。

目前，基因芯片技术被用于筛选转基因小麦、转基因拟南芥、转基因大豆预期相应的受体之间的差异表达基因。PER 等采用一个 9 kb 的小麦单基因 cDNA 芯片对某品系转基因小麦及其野生型小麦 3 个发育时期的基因表达谱进行比较和分析；Metzdorff 等采用 cDNA 芯片筛查 6 个品系的转基因拟南芥由于外源基因插入导致的非预期效应，并对其安全性进行评估。

目前，我国利用基因芯片技术开发了多种转基因植物检测芯片：① 判断待检样品是否为转基因产品的普通筛选型芯片，该芯片针对下列基因序列设计：*CaMV35S* 启动子，*Nos* 终止子，*Nos* 启动子，*CaMV35S* 终止子，*FMV35S* 启动子，*Bar*，*PATI*（玉米），*PAT2*（油菜），*NPTII* 等；② 通过检测大豆、玉米、棉花、油菜等样品中可能含有的外源基因和内源基因判断是否含有转基因成分的综合检测芯片；③ 可检测转基因产品品系的检测鉴定芯片，目前主要鉴定品系包括 GTS 40－3－2 大豆，Bt176、Bt11、MON810、GA21、T25、CBH351 玉米，Bollgard 棉花，我国开发的转基因抗虫棉花、华番一号番茄等。

目前，欧洲已经推出了商品化的转基因检测芯片试剂盒（GMO chip kit），该试剂盒可以对指定的转基因作物中的几种转基因成分做定性检测。欧盟某研究小组正致力于将基因芯片技术应用于转基因成分鉴定及定量检测。

## 三、液相芯片技术

液相芯片技术（Luminex xMAP technology）结合了流式细胞技术和酶标检测技术，通过调配 2 种荧光染料的比例获得 100 多种荧光组合的小球，每个荧光组合小球都标记有一种和靶 DNA 序列进行结合的探针。

Fantozzi 等(2008)报道了一种具有革新意义的高通量检测系统液相芯片技术检测转基因产品,理论上微球可以结合任何引物/探针组合来更好地适应高通量检测的需求,但液相芯片的缺点是需要购买昂贵的液相芯片仪器。韩雪清等(2011)公开了一种检测 Bt Cry1Ac 蛋白的液相芯片及其应用,采用双抗体夹心法,建立了一种液相芯片检测转基因作物(GMO)中 Bt Cry1Ac 蛋白的方法,可用于检测植物是否为转 Bt Cry1Ac 植物。

## 四、基于高通量测序的核酸成分检测技术

从传统 Sanger 测序技术,到新一代高通量测序技术(罗氏的 454 测序技术、Illumina 公司的 Solexa 测序技术和 ABI 公司的 SOLiD 测序技术),再到单分子测序技术的发明和发展,对分子生物学的发展起到至关重要的推动作用。随着现行大规模测序技术的不断发展,未来几年的千美元基因组甚至百美元基因组测序能力的实现,有望将大规模深度测序应用于转基因成分的检测,通过大规模测序直接检测转基因的核酸成分。其优点是:第一,实现真正水平上的高通量大规模全基因组的检测;第二,检测结果准确可靠。尤其是针对未经备案或不按规定程序释放的转基因生物,由于其风险高、危害大,而现行的检测未知转基因产品的程序是先通过转基因成分的筛查判定样品是否含转基因成分,再利用各种鉴定方法鉴定样本含何种转基因成分的缺点,效果更好。例如,Akritidis 等在非转基因棉花中检测到含有 *CaMV35S* 启动子的棉花,利用基因组步移策略扩增出侧翼序列,经序列测定和比对分析得出未知转基因棉所含的外源基因来源于 Monsanto1445 转基因棉花,成功地建立了未知转基因产品的检测方法。

倘若低成本的大规模深度测序成为现实,可以直接对未知转基因核酸样品进行一次性的序列测定,获得全面准确的核酸序列信息,通过序列比对便可一次性清楚知道未知核酸样品中是否含有转基因成分或含有何种转基因成分。序列测定准确可靠,避免繁琐的筛查和后续的再鉴定等步骤。

## 五、生物传感器

生物传感器(biosensor)是将生物识别元件和信号转换元件紧密集合,将生物体物质间特异的亲和作用转变成可利用的电信号或其他物理信号,从而检测目标化合物浓度的分析装置。生物传感器设计的通常是将一段寡聚核苷酸探针连接到传感器的表面,通过这段特异的探针序列对靶 DNA 进行捕捉,用来检测转基因相关序列的扩增产物,该方法具有专一性强、分析速度快、准确度高、成本低、操作系

统简单、易实现自动分析等优点。目前，应用于转基因产品检测研究的生物传感器主要有光学生物传感器如表面等离子体共振(SPR)传感器、压电生物传感器如QCM和电化学生物传感器等。

### 1. 光学生物传感器

表面等离子共振(surface plasmon resonance, SPR)是一种较常见的光学生物传感器，是将探针或配体固定于传感器芯片的金膜表面，含分析物的液体流过传感器芯片表面，分子间发生特异性结合时可引起传感器芯片表面折射率的改变，通过检测 SPR 信号的改变而监测分子间的相互作用。SPR 技术是目前研究分子间相互作用反应效果最佳的技术，无需对生物分子做任何标记，所需分析物量小且对分析物纯度要求不高，可实现实时监测。Feriotto 等(2002)将生物素标记的转基因大豆内源基因(lectin gene)和外源基因寡核苷酸片段固定在传感器芯片表面，采用表面等离子共振传感器对转基因表达大豆基因序列进行了实时检测。

### 2. 压电生物传感器

压电生物传感器(piezoelectric biosensors)是近 20 年发展起来的一种新型生物传感器，能够根据其表面的杂交情况对其电极表面质量变化进行测量。当生物组件杂交到表面后，物质质量增加，引起石英晶体共振频率的降低。根据共振频率降低的量值，再结合待测物质的分子量，计算出吸附的分子的数目。压电生物传感器具有质量响应灵敏，特异性高，简便快速，样品无需标记，方法易于自动化、集成化等优点。

Tombelli 等(2006)研究了石英晶体微天平传感器(QCM)对转基因玉米的检测，将生物素标记的探针固定在金表面用于检测抗虫转基因玉米的 Cry1Ab 基因，研究表明该压电生物传感器可用于检测 MON810 转基因玉米粉，转基因含量线性范围是 0.1%～5%。目前，该方法也可对 35S 启动子、NOS 终止子进行检测。

### 3. 电化学传感器

电化学生物传感器(electrochemical biosensor)是指由生物材料作为敏感元件，电极作为转换元件，以电势或电流为特征检测信号的传感器。根据敏感元件的不同分为酶电极传感器、微生物电极传感器、电化学免疫传感器、组织电极与细胞器电极传感器、电化学 DNA 传感器。Lucarelli(2005)等采用寡核苷酸修饰的一次性丝网印刷金电极，开发了酶电化学生物传感器，将 5′末端的巯基探针固定在金层表面，这种传感器可应用于含有 1%和 5%转基因大豆及转基因玉米样品的分析。该方法对于阴性样品没有非特异性扩增，只适合于转基因产品的筛选和定性检测；Kerman 等(2006)报道了一种肽核酸探针介导的电化学传感器，将肽核酸探针固定在玻璃碳电极表面，这种传感器可用于检测 5%的转基因大豆。

## 六、电化学发光分析技术

电化学发光分析是新近发展起来的既不同于传统的标记免疫分析（如酶标记、同位素标记、荧光素标记等），也与普通的化学发光有区别的一种新型检测方法，它是化学发光与电化学方法相互结合的产物，具有灵敏、快速、准确、分析适应性广等特点。刘晋峰等将电化学发光技术、PCR 技术和双探针杂交技术结合起来，用于检测 *CaMV35S* 启动子，从而判断样品中其是否含有转基因成分，该方法可以检测到 *35S* 启动子的存在，而且准确性高，可望发展成转基因定量检测技术。

## 七、纳米刻度法

纳米材料具有的优异光学、电学性质以及良好的生物相容性、化学活性等，被不断地应用在生物分析检测之中。目前，由于该技术无需对 DNA 进行扩增，可快速、准确地实现定量的检测目的，在转基因植物的检测方面也得到了良好的应用。

纳米刻度法（nanoscale）其基本原理是：连接在碳纳米管上的 DNA 探针通过杂交捕获特异性的靶 DNA 或 RNA，靶 DNA 或 RNA 中的尿嘧啶将电荷转到碳纳米管电极，电荷的转移通过金属离子媒介的氧化作用变成信号并放大，利用信号检测装置实行检测。

## 八、毛细管电泳法

毛细管电泳（capillary electrophoresis，CE）是近几年来迅速发展起来的一种微分离分析技术，基本原理是基于带电组分在高电场中迁移率不同而进行分离的，生物大分子从带电物质到中性物质都可以用毛细管电泳法进行分离分析，通过毛细管技术分离待检测样本，进一步结合不同的检测技术实现样本的定性、定量检测。

毛细管电泳的显著特点是高效、快速和微量，在转基因产品检测方面得到了快速发展。周颖等运用毛细管电泳-激光诱导荧光检测技术对双重 PCR 转基因大豆产物（*CaMV35S* 启动子、*NOS* 终止子和 *CP4－EPSPS* 基因）进行检测，由于毛细管能实现微分离，所以检测样品用量很少，仅需 5 nl，而且检测时间能在 24 min 内完成，大大提高了检测效率；Van Duijn 等（2002）报道了一种多重 PCR－毛细管电泳（multiplex PCR-capillary gel electrophoresis）的检测方法，可同时检测 6 种转基因棉花和5种转基因玉米。

## 九、特定代谢产物的检测技术

目前，转基因植物产品的检测除对外源基因和转基因新生蛋白的检测外，对转基因植物产品特征代谢产物的分析也越来越受到人们的重视。转基因植物及其产品的营养成分、抗营养因子和天然毒素以及其他由于转入目的基因而发生的成分改变(包括新表达物质的表达量、功能和稳定性)，可据此实现对转基因食品的检测。目前常用检测方法主要是色谱技术。

色谱技术是对生物代谢产物检测和分析的重要手段，可以用于分析食品中的各种组分，例如油菜籽中的脂肪酸、甘油三酸酯等。当转基因产品的化学成分较非转基因产品有很大变化时，可采用色谱技术对转基因产品进行鉴定。如，通常转基因油菜籽中的成分(脂肪酸和甘油三酸酯等)与非转基因油菜有较大的差异，无法通过传统的外源基因或外源蛋白质检测方法来进行检测，据此，科学家们成功地利用色谱法对转基因油菜籽进行了检测和分析。Byrdwell等(1996)用高效液相色谱与质谱技术相结合对3种Canola植物油中的甘油三酸酯的各组分进行分析，发现转基因Cartola菜籽油中的甘油三酸酯含量明显比其他品种高且抗氧化能力较强。

## 十、近红外光谱法

近红外光谱法(near infrared spectroscopy, NIR)是20世纪70年代兴起的一项化学成分快速定量测定技术，20世纪80年代后，随着计算机技术和化学计量学的发展，NIR在应用技术上获得巨大发展，成为一项极具竞争力的现代光谱分析技术。其基本原理是：近红外光谱是介于可见光与中红外光之间的电磁波，其波长为780～2 526 nm，该波长的吸收主要是分子中C－H、N－H、O－H基团基频振动的倍频吸收与合频吸收产生的，不同基团产生的光谱在吸收峰位置和强度上有所不同，在进行定性、定量分析时，通过建立合适的矫正模型，即建立样品中某一物化性质与其近红外光谱之间的关系，就能从未知样品的NIR光谱求出其性质或组成数据。目前，近红外线光谱在转基因植物检测中的应用主要是某些基因修饰可能改变了植物的纤维结构，但组织中的蛋白和油的成分可能没有显著变化。例如转基因大豆GTS40－3－2品系，通过对样品的红外光谱分析可对转基因作物进行筛选。Hurburgh用近红外线光谱分析法成功地区分了Roundup Ready(RR)大豆和非转基因大豆，对RR大豆的正确检出率为84%。

近红外线光谱分析法的优点是不需要对样品进行前处理，并且简单快捷，但由于很多样品检测时都会产生一定的光谱，因此它不能用来分析差异变化很小的转基因植物和非转基因植物，不能对转基因与非转基因混合样品进行分析。

基于转基因植物及其产品的特征代谢产物检测技术是一种比较具有潜力的转基因植物产品检测方法，它具有分析步骤简单，分析样品数量大，受产品的加工过程影响小和结果重现性好的特点，而且随着对生物代谢过程的进一步了解以及新检测仪器的出现，精确性将更高，成本更低。

## 第六节　转基因生物及其产品检测标准物质

### 一、内标准基因

内标准基因(endogenous reference gene)是指能够将两种或多种生物区分开来的特异性基因，即具有种间特异性、种内非特异性、低拷贝数特征的一类基因，如玉米的 *Zein*、*Invertase*、*Zss* Ⅱ 基因，大豆的 *Lectin* 基因，水稻的 *SPS*(Sucrose Phosphate Synthase)基因，番茄的 *LAT*52 基因，棉花的 *Sad* Ⅰ (Stearoyl-Acyl Carrier Protein desaturase)基因，油菜的 *BnACCg*8、*HMGI/Y* 基因等。在对转基因生物及其产品进行定量检测时，为确定被检测样品中含有的转基因成分来源和百分含量，需计算内标准基因和外源基因序列拷贝数，恒定低拷贝数的内标准基因可以对转基因样品进行准确的转基因成分含量的测定和转基因植物外源基因拷贝数的检测，因此，一个合适的内标准基因是建立一种转基因生物及其产品的 PCR 检测方法的必要前提。

### 二、标准物质

标准物质(certified reference material，CRM)是指纯合的或与非转基因生物混合的转基因生物材料，在 PCR 检测过程中用作阳性对照和配制定量检测的标准品。在 GMOs 检测过程中，CRM 是非常重要的，其配制要求非常严格，并需要经过多个实验室的实验验证方可作为标准物质用于 GMOs 检测。目前，欧盟在比利时 Geer 市的欧盟参考物质和测定研究所(Institute of Reference Materials and Measurements，IRMM)专业配制和提供用于 GMOs 检测的标准物质。IRMM 根据欧盟的转基因标签制度规定的阈值，配制并提供了 9 种转基因玉米和大豆的标准物质，分别是转基因 GTS 40－3－2 大豆、转基因 Bt176、Bt11、MON810、GA21、NK603、MON863、MON 863 × MON 810 和 TC1507 玉米，它们的样品编号分别是 ERM－BF410、ERM－BF411、ERM－BF412、ERM－BF413、ERM－BF414、ERM－BF415、ERM－BF416、ERM－BF417 和 ERM－BF410(www. irmm. jrc.

be)，其中每一种标准物质由一系列不同转基因质量比含量的样品组成（主要从0.1%到10%）。IRMM配制的上述9种转基因植物标准物质已经在市场销售。

实时荧光定量PCR法是目前转基因生物及其产品的主要检测方法，通常采用外标法定量，标准物质有两种：一是官方（如欧盟参考物和测量研究所，IRMM）核准的标准物质（CRMs），现在已有CRMs的转基因作物还不多，它由未加工原料制备而成，费时费力、成本高，而且由于基质效应和加工过程中完整DNA分子的缺失等，CRMs作为定量标准品应用时具有很大局限性；二是标准分子，包括PCR扩增产物和线性化质粒，PCR产物做标准品时方便、简单，但不准确、不稳定，线性化质粒作标准品容易制备，准确稳定，逐渐成为定量检测中广泛使用的标准品。

**表6-1　国外已研制完成的有证标准物质一览表**

| 作物转化事件 | 标准物质标号 | | | | | |
|---|---|---|---|---|---|---|
| 大豆 Roundup-Ready(TM) | BF410a | BF410b | BF410c | BF410d | BF410dk | BF410e |
| 玉米 Bt-176 | BF411a | BF411b | BF411c | BF411d | BF411e | BF411f |
| 玉米 Bt-11 | BF412a | BF412b | BF412c | BF412d | BF412e | BF412f |
| 玉米 MON 810 | BF413a | BF413b | BF413c | BF413d | BF413e | BF413f |
| 玉米 GA 21 | BF414a | BF414b | BF414c | BF414d | BF414e | BF414f |
| 玉米 NK 603 | BF415a | BF415b | BF415c | BF415d | BF415e | BF415f |
| 玉米 MON 863 | BF416a | BF416b | BF416c | BF416d | | |
| 玉米 MON 863 × MON 810 | BF417a | BF417b | BF417c | BF417d | | |
| 玉米 1507 | BF418a | BF418b | BF418c | BF418d | | |
| 甜菜 H7-1 | BF419a | BF419b | | | | |
| 玉米 3272 | BF420a | BF420b | BF420c | | | |
| 马铃薯 BH92-527-1 | BF421a | BF421b | | | | |
| 棉花 281-24-236 × 3006-210-23 | BF422a | BF422b | BF422c | BF422d | | |
| 玉米 MIR 604 | BF423a | BF423b | BF423c | BF423d | | |
| 玉米 59122 | BF424a | BF424b | BF424c | BF424d | | |
| 大豆 356043 | BF425a | BF425b | BF425c | BF425d | | |
| 大豆 305423 | BF426a | BF426b | BF426c | BF426d | | |

2009年8月止，IRMM生产的粉末标准物质有76种，涉及作物有大豆、玉米、马铃薯、甜菜和棉花的17个转化事件。浓度有0%，0.1%，0.5%，1.0%，2.0%，5%和接近100%。成品一般为1 g，少数为2 g瓶装。

## 三、标准分子的概念

标准分子由日本科学家 Kuribara H 等于 2002 年提出，它是指一种含有转基因目的外源基因或内标准基因序列的特异性扩增片段的线性化的重组质粒分子，可作为 CRM，如适合转基因玉米 MON810 和 59122、大豆 GTS-40-3-2 等检测的质粒分子。标准分子的优点主要是可以通过微生物进行大量培养，且操作容易，同一个标准分子可以同时包含多个外源目的基因。在转基因定量 PCR 检测过程中，标准分子根据分子质量大小与植物基因组 DNA 分子换算，从而完成转基因样品的定量分析，具体的换算见公式 6-2。另外在利用标准分子进行定量分析时，必须考虑质粒 DNA 和基因组 DNA 在反应中的差异，这个可以通过校正系数(coefficient values, CVs)来校正。CVs 可以通过公式 6-3来计算。在获得 CVs 值后，通过公式 6-4 可以分析获得转基因生物检测样品的转基因含量。标准分子的出现解决了阳性标准品缺乏和阳性标准品配制的难题，目前这个概念已经为许多科学家所接受，广泛地应用到转基因 PCR 检测，尤其是定量 PCR 检测。

$$\text{质粒 copy 数}=\text{质粒质量(g)}/(\text{质粒分子碱基数}\times 324.5\times 2)\times 6.02\times 10^{23} \quad (\text{公式 } 6-2)$$

$$\text{CVs}=\text{纯合的转基因植物外源基因拷贝数}/\text{纯合的转基因植物内源基因拷贝数} \quad (\text{公式 } 6-3)$$

$$\text{GMO contents\%}=(\text{样品外源基因拷贝数}\times 100)/(\text{样品外源基因拷贝数}\times \text{CVs}) \quad (\text{公式 } 6-4)$$

# 第七节 转基因生物检测技术标准化

为了保护生态环境和保障人体健康，世界上大多数国家和国际组织制定了相关的法律法规，并颁布了转基因生物标识制度，出台一系列的检测技术标准和规范，大力加强检测技术研究和标准化工作。我国政府也十分重视转基因生物及产品的安全管理工作，建立了以农业部、国家质检总局和国家疾控中心为主体的转基因生物检测体系。至今，已制定了转基因生物安全检测标准体系框架，审定、发布了 78 项转基因生物及产品成分、环境安全、食用安全检测的国家标准和行业标准，但由于我国转基因生物安全管理起步较晚，检测技术研究和标准化工作与发达国家相比还有一定差距。

## 一、国际转基因生物检测技术标准化

1997 年，欧盟在世界上首次建立了转基因产品的标识制度，并在 2003 年发布了新的法规 EC1829/2003 和 EC1830/2003，规定转基因生物含量超过 0.9%的所有食品和饲料必须进行强制性标识并建立可追踪的制度，对在其他国家和地区被批准商业化而在欧盟没有被批准商业化的转基因食品的允许阈值为 0.5%，自欧盟首先实施转基因产品阈值标识管理以来，世界上已有 50 多个国家和地区出台了转基因产品的标识制度。各个国家或地区对转基因产品标签的阈值范围、标识方式等管理方面有很大的区别，见表 6－2。

**表 6－2　全球主要国家(或地区)转基因产品标识管理情况**

| 国家/地区 | 标识类别 | 标识阈值 |
|---|---|---|
| 中　国 | 强制性 | 0% |
| 欧　盟 | 强制性 | 0.9% |
| 俄罗斯 | 强制性 | 0.9% |
| 新西兰 | 强制性 | 1% |
| 巴　西 | 强制性 | 1% |
| 沙　特 | 强制性 | 1% |
| 韩　国 | 强制性 | 3% |
| 日　本 | 强制性 | 5% |
| 以色列 | 强制性 | 1% |
| 智　利 | 强制性 | 2% |
| 印度尼西亚 | 强制性 | 5% |
| 中国台湾 | 强制性 | 5% |
| 泰　国 | 强制性 | 5% |
| 菲律宾 | 自愿性 | 5% |
| 泰　国 | 强制性 | 5% |
| 加拿大 | 自愿性 | 5% |
| 中国香港 | 自愿性 | 5% |
| 南　非 | 自愿性 | 无具体说明 |
| 阿根廷 | 自愿性 | 无具体说明 |
| 美　国 | 自愿性 | 无具体说明 |

我国于 2002 年 3 月 20 日起实施转基因产品标识制度，对转基因产品的标识阈值采用标识目录以内的转基因产品强制性零阈值标识管理；美国、加拿大等国家实行自愿标识管理制度；欧盟、日本、韩国等国家和地区实施强制性定量标识制度，即转基因成分含量超过一定比例后需要加贴标签。对转基因产品的标识方式，欧盟和大多数国家要求转基因产品的标识管理是针对每一种转基因成分；日本农林水产省(Ministry of Agriculture, Forestry and Fisheries, MAFF)规定，某一食品中前 3 种主要原材料含有的转基因成分质量比例占非转基因成分的质量比例超过 5%时，必须进行标识。

随着经济全球化和国际贸易的不断发展，许多国家和地区逐步实施转基因产品检测方法的标准化以减少由于检测方法的偏差带来的国际贸易纠纷，目前国际标准化组织(International Organization for Standardization, ISO)颁布了 5 个标准对转基因生物及其产品的检测分析方法、相关术语及注意事项进行了规定。同时欧盟积极推进转基因定量检测技术标准化，欧盟转基因产品检测参考实验室(Community of Reference Laboratory, CRL)制定了一系列的检测方法标准，尤其是定量 PCR 检测技术标准，并在欧盟转基因检测网络实验室(European Network of GMO Laboratory, ENGL)推广使用。

## 二、我国转基因生物检测技术标准化

我国政府对转基因产品的生物管理安全管理工作十分重视，于 1993 年正式发布了《基因工程安全管理办法》，对我国开展基因工程工作的安全管理提出了明确的规定，1996 年正式发布了《农业生物基因工程安全管理实施办法》，2001 年，国务院颁布了第 304 号令《农业转基因生物安全管理条例》，明确规定了在我国境内销售列入农业转基因生物目录的农业转基因生物，应当有明确的标识，确保消费者对转基因产品有知情权和选择权，同时，成立了农业转基因生物安全管理标准化技术委员会，在分子特征分析、产品成分检测、标准物质研制等方面开展了大量工作，建立了一系列的转基因产品检测内标准基因、品系特异性检测方法等，其中转基因植物及其产品检测标准包括：耐除草剂棉花 MON1445、耐除草剂棉花 LLcotton25、耐除草剂棉花 MON88913、抗虫棉花 MON15985、耐除草剂甜菜 H7－1、抗病水稻 M12、耐除草剂大豆 MON89788、耐除草剂大豆 A2704－12、耐除草剂大豆 A5547－127、抗虫耐除草剂玉米 59122、抗虫耐除草剂玉米 MON88017、抗虫玉米 MIR604、抗虫转 Bt 基因棉花、抗虫转 Bt 基因棉花外源蛋白表达量检测技术规范、DNA 提取和纯化、基体标准物质候选物鉴定方法等。

同时，出具具有法律效力的检测数据，原则上要求采用国家颁布的标准方法。目前，我国采用的转基因检测标准方法主要有 ISO 标准、中华人民共和国标准、农业部与国家质检总局行业标准几类。目前，我国共颁发 78 项转基因生物安全检测技术标准，包括 8 个转基因成分国家检测标准，22 个转基因成分农业行业检测标准，13 个转基因成分商业行业检测标准，5 个食用安全农业行业检测标准，30 个转基因生物环境安全农业行业检测标准。这些标准针对已经商业化的转基因大豆、玉米、油菜、马铃薯、棉花、烟草、番茄及其产品以及面临商业化的转基因水稻的外源基因成分和环境安全的检测技术作了规定，覆盖了大部分已经商业化转基因作物含有的抗病毒、抗虫及除草剂基因等检测项目，但转基因花卉、水果和转基因林木等尚缺相关的检测技术标准。

目前我国转基因检测标准存在的问题：

1）随着生物技术的发展，每年有大批的转基因生物新品种进入环境释放实验，然而，越来越多的基因被转入相关生物之前，已被改造或修饰，导致现行标准中部分引物特异性不高，采用现行标准对转入相同基因的不同作物或同类作物进行检测时，往往不能检出转基因成分。

2）GMO 的定性 PCR 检测结束后，通常采用琼脂糖凝胶电泳对目的基因片段进行检测，由于检测的目的基因片段较小及琼脂糖凝胶电泳分离基因的灵敏度较低，导致引物二聚体与待分离的基因片段难以区分。

3）目前全世界已经商业化的转基因作物，约有 16 类 73 个品系，而我国现行的转基因生物安全检测技术标准却没有完全覆盖这些已经商业化的转基因品种，尤其是定量检测标准；对即将商业化的、通过安全认证的转基因生物新品种，尚缺乏相关标准，与国外在开发转基因生物新品种的同时，制定相关检测技术的政策相比，标准的制定及标准物质的研制相对落后。

4）转基因生物及其产品的食用安全是全世界及社会公众关注的热点，目前，以转基因生物加工的食品有上万种之多，对深加工产品的转基因成分检测技术还不成熟。

5）针对我国现行标准中存在的问题及我国检测技术标准化工作的需要，需进一步开展与国际接轨的转基因生物检测技术研究及其标准化体系，尤其是定量检测技术的开发及标准的建立。

# 参考文献

敖金霞,高学军,于艳波等.转基因大豆、玉米、水稻深加工产品的五重巢式 PCR 技术检测.中国农业大学学报,2010,15(2):93～99

白卫滨,孙建霞,程国灵等.实时荧光 PCR 技术定量检测转基因豆粉的研究.食品科学,2009,30(6):238～242

白卫滨,孙建霞,姜桂传等.ELISA 方法定量检测转基因大豆及其产品的研究.分析与检测,2007,33(11):103～106

陈红兵,高金燕.来源于转基因微生物的食品酶制剂.中国食品添加剂,2001,4:23～26

陈红兵.来源于转因微生物的食品酶制剂.中国食品添加剂,2001,4:23～26

陈洁君,张维,宛煜嵩等.全球转基因作物发展现状及趋势.农业生物技术学报,2011,19(2):369～374

陈金中,薛京伦.载体学与基因操作.北京:科学出版社,2007

陈俊红.日本转基因食品安全管理体系.中国食物与营养,2004,1:20～22

陈小萍,卓勤,朴建华等.转基因大米的免疫毒理学评价.卫生研究,2004,33(1):77～80

陈晓阳,杨同卫.转基因食品安全隐忧与公众知情选择权.医学与哲学,2004,25(6):32～33

陈颖,王媛,葛毅强等.转基因大豆 Roundup Ready 调控元件在食品加工过程中降解变化的研究.中国食品卫生杂志,2005,17(2):135～139

陈颖,王媛,刘博等.PCR 法检测大豆加工食品中的转基因成分.中国食品学报,2003,3(1):61～65

陈永福.转基因动物.北京:科学出版社,2002

陈贞,芦春斌,杨梦婕等.多重 PCR 检测转基因菜籽粕中的转基因成分.植物检疫,2011,25(3):35～38

程焉平.转基因植物杂草化问题及其对策.吉林农业科学,2002,27(4):51～56

大豆中转基因成分的定性 PCR 检测方法(SN/T 1195－2003)

邓汉超,尹长城,刘国振等.转基因植物核酸成分检测技术研究进展.中国生物工程杂志,2011,31(1):86～95

邓启明,王景辉,张秋芳等.转基因生物及其产品的发展现状与安全管理.食物安全,2004,11:13～16

邓曙东,徐静,张青文等.转 Bt 基因棉对非靶标害虫及害虫天敌种群动态的影响.昆虫学报,2003,46(1):1～5

邓旭,魏斌,胡章立.转基因衣藻对重金属的抗性及对镉离子的富集.生物技术,2007,17(6):66～68

调味品中转基因植物成分实时荧光 PCR 定性检测方法(SN/T 2705－2010)

杜珍媛.转基因生物技术的生态风险及对策研究.安徽农业科学,2010,38(19):9961～9964

段晓丽.我国转基因农产品贸易管理体制的不足与完善.山西高等学校社会科学学报,2010,22(6):34～35

番茄中转基因成分定性 PCR 检测方法(SN/T 1816－2006)

樊佳佳,白俊杰,简清等.食物供应量对转红色荧光蛋白基因唐鱼生存和生长的影响.动物学杂志,2011,46(2):108～113

范祚舟,徐加发,沈萍萍.酶联免疫分析技术研究进展.分析科学学,2011,27(1):113～118

蜂蜜中转基因成分检测方法普通 PCR 方法和实时荧光 PCR 方法(SN/T 2135－2008)

高亮,陈璇.转基因作物和产品的公众认知与态度调查.社科纵横,2011,26(2):90～93

葛立群,吕杰.我国转基因食品的发展现状及安全管理.农业经济,2008,2:80～81

顾立江,李燕玲,杜克久.转基因毛白杨外源基因转移的环境风险分析.环境化学,2009,28(6):838～841

顾炜炜,潘家荣.转基因食品中 Btcry2Ab/2Ac 杀虫蛋白直接竞争 ELISA 试剂盒的研制.食品科技,2007,6:203～206

顾祖维.转基因食品的安全性及其毒理学评价.毒理学杂志,2005,19(1):9～11

郭斌，祁洋，尉亚辉. 转基因植物检测技术的研究进展. 中国生物工程杂志，2010，30(2)：120～126
郭慧芳，朱述钧，孙洪武等. 转基因棉上非靶标害虫棉蚜取食行为的 EPG 研究. 西南农业大学学报，2004，26(2)：155～158
郭建英，万方浩，吴岷. 转 Bt 基因棉对土壤无脊椎动物群落结构的影响. 中国生态农业学报，2009，17(6)：1221～1228
郭文文，诸葛玉平，李建勇等. 转基因番茄栽培对土壤生物学特性的影响. 山东农业科学，2010，3：46～50
韩梅. 农业转基因生物安全管理现状及对策. 江苏农业科学，2007，6：282～284
郝振明，赵鑫，吴孝槐. 超分枝滚环扩增技术结合试纸法检测食品中多种转基因组分. 食品科学，2010，31(6)：263～266
何水林. 基因工程. 北京：科学出版社，2008
何余堂，解玉梅，吕艳芳. 转基因食品安全与环境分析. 食品科学，2007，28(8)：529～532
胡银岗. 植物基因工程. 杨凌：西北农林科技大学出版社，2006
环境保护部. 中国转基因生物安全性研究与风险管理. 北京：中国环境科学出版社，2008
黄国平，汪琳，陈克平. 转基因水稻外源蛋白检测技术研究进展. 中国水稻科学，2010，24(4)：410～416
黄文胜，潘良文，粟智平等. 基因芯片检测转基因油菜. 农业生物技术学报，2003，11(6)：588～592
黄迎春，孙春昀，冯红等. 利用基因芯片检测转基因作物. 遗传，2003，25(3)：307～310
霍飞，江国虹，常改. 转基因食品的发展现状及安全性评价. 中国公共卫生，2003，19(9)：1132～1134
姬华，乐国伟，王洪新等. 转基因食品的营养学评价研究进展. 食品研究与开发，2009，30(7)：149～152
江黎. 转基因实验与公众知情权. 世界科学，2011，4：35
蒋高明. 试论转基因作物的生态风险. 科学对社会的影响，2010，2：42～47
金红，张斌，李鹏宇等. 转基因与非转基因大豆营养及次生物质的比较. 食品研究与开发，2011，32(5)：140～142
康岭生，杨向东，王玉民等. 高油酸转基因大豆 HOA(80)生存竞争能力检测. 吉林农业科学，2010，35(6)：1～3，24
抗虫转基因植物生态环境安全检测导则(HJ 625－2011)
李成贵，檀学文. 转基因食品的安全管理问题研究. 中国农村观察，2008，4：18～28
李晋涛，吴玉章，费蕾等. 人源轮状病毒 vp7 基因的克隆与转基因植物研究. 免疫学杂志，2003，19(1)：11～14
李丽莉，王振营，何康来等. 转基因抗虫作物对非靶标昆虫的影响. 生态学报，2004，24(8)：1797～1806
李敏，陶传江，张丽英. 转基因植物农药的毒理学评价. 农药科学与管理，2011，32(7)：24～27
李宁，付仲文，刘培磊等. 全球主要国家转基因生物安全管理政策比对. 农业科技管理，2010，29(1)：1～6
李全芬，李志辉，王慧煜等. 转基因生物检测技术研究进展. 中国畜牧兽医，2011，38(1)：152～156
李全芬，王慧煜，余多慰等. 转基因牛多重 PCR 检测方法的建立. 动物医学进展，2011，32(6)：23～28
李文桂，陈雅棠. 病毒转基因植物疫苗研究进展. 免疫学杂志，2006，22(3)：S10～S17
李欣，黄昆仑，朱本忠等. 利用组学技术检测转基因作物非期望效应的潜在性. 农业生物技术学报，2005，13(6)：802～807
李学静. 转基因植物食品的安全性评价及其分析. 天津商学院学报，2002，22(5)：61～64
李永红，刘晋. 农业转基因生物安全管理模式探索. 农产品质量与安全，2011，2：43～46
李志勇. 细胞工程. 北京：科学出版社，2007
厉建萌，刘信，沈平等. 美国转基因产品的管理模式. 浙江农业科学，2011，2：227～231
连丽霞，王永佳. 美国与欧盟各国转基因食品安全管理比较研究. 中国农业科技导报，2010，12(5)：51～56
梁克红，李俊，李军国等. 转基因饲料 DNA 在加工过程中的降解研究进展. 饲料工业，2008，29(8)：51～53

林海霞，常艳，梅其炳．转基因作物食用潜在致敏性的安全评价．国外医学卫生学分册，2007，34(3)：187～191
林燕梅．美国和欧盟的转基因生物安全管理现状．环境教育，2007，4：24～26
凌杏园，向才玉，章桂明等．应用 MLPA 技术进行转基因多重检测研究．植物检疫，2011，25(2)：10～13
刘翠芳，蒋继志，马平等．PCR－ELISA 在转基因植物检测中的应用．西北农林科技大学学报(自然版)，2005，33：185～186
刘海燕，徐文涛，罗云波等．动物实验评价转基因食品食用安全的研究进展．农业生物技术学报，2010，18(4)：793～800
刘亮伟，陈红歌．基因工程原理与实验指导．北京：中国轻工业出版社，2010
刘培磊，李宁，周云龙．美国转基因生物安全管理体系及其对我国的启示．中国农业科技导报，2009，11(5)：49～53
刘青杰，陈德清．滚环 DNA 扩增技术及其应用．辐射研究与辐射工艺学报，2007，25(1)：5～9
刘湘．双峰骆驼伪结核棒状杆菌病的诊断与防治．中国畜牧兽医文摘，2011，27(3)：137
刘烜，郑文杰，刘伟等．转基因番茄 DNA 检测芯片的研究．食品研究与开发，2005，26(4)：109～112
刘烜，郑文杰，赵卫东等．转基因大豆 DNA 检测芯片的研究．中国食品卫生杂志，2005，17(2)：132～134
刘烜，郑文杰，赵卫东等．转基因油菜籽多重 PCR－DNA 芯片联用检测方法的研究．天津师范大学学报，2006，26(4)：36～41
刘宇，刘基巍，崔秀云等．间接 ELISA 法测定转基因小鼠血清中核糖核酸酶抑制因子的表达．大连医科大学学报，2006，28(6)：450～453
刘志国．基因工程原理与技术．北京：化学工业出版社，2011
龙敏南，楼士林，杨盛昌等．基因工程．北京：科学出版社，2010
卢宝荣，夏辉．转基因植物的环境生物安全：转基因逃逸及其潜在生态风险的研究和评价．生命科学，2011，23(2)：186～194
卢宝荣．我国转基因水稻的环境生物安全评价及其关键问题分析．农业生物技术学报，2008，16(4)：547～554
卢颖，何付丽，赵长山．转 Bt 基因玉米对田间主要捕食性天敌安全性的影响．作物杂志，2008，2：52～53
陆群峰，肖显静．中国农业转基因生物安全政策模式的选择．南京林业大学学报，2009，9(2)：68～78
陆群峰，肖显静．转基因作物环境风险争论综述．山东科技大学学报，2009，11(5)：8～15
路兴波，武海斌，王敏等．转基因玉米转化体特异性寡核苷酸芯片检测方法的研制．作物学报，2009，35(8)：1432～1438
罗庆苗，苗向阳，张瑞杰．转基因动物新技术研究进展．遗传，2011，33(5)：449～458
马惠，夏晓明，周玉等．转 Bt 基因抗虫棉对非靶标昆虫的影响．中国农学通报，2009，25(07)：214～218
马铃薯中转基因成分定性 PCR 检测方法(SN/T 1198－2003)
毛新志，张利平．公众参与转基因食品评价的条件、模式和流程．中国科技论坛，2008，5：107～110，92
美国就转基因动物发布条例征求公众意见．中国家禽，2008，30(18)：65
棉花中转基因成分定性 PCR 检验方法(SN/T 1199－2003)
缪海珍，朱水芳，张谦等．采用基因芯片技术筛查农作物转基因背景．复旦学报，2003，42(4)：634～642
倪静，李英文．转基因鱼环境释放风险评估．水产科技情报，2007，34(4)：162～165
宁宜宝．我国兽用转基因微生物产品的安全评价．中国兽药杂志，2008，42(1)：28～32
农业部转基因植物及植物用微生物环境安全监督检验测试中心．热带农业科学，2009，29(11)：91
农业转基因生物标签的标识(农业部 869 号公告－1－2007)
潘映红．蛋白质组学在转基因生物检测和研究中的应用前景．中国农业科技导报，2010，12(1)：31～34
彭洪雨，于丽杰．植物转基因的整合特性及遗传分析．黑龙江农业科学，2011，(1)：25～27

彭建华,张鸿,喻春莲等. 转基因食品评价公众参与机制研究. 农业科技管理,2010,29(3): 52～54,73
青椒中转基因成分定性 PCR 检测方法(SN/T 2271－2009)
饶玉春,苏长青,钱前等. 转基因抗虫水稻的生态风险和治理对策. 中国稻米,2010,16(4): 11～14
芮玉奎,黄昆仑,王为民等. 近红外光谱技术在检测转基因油菜籽中芥酸和硫甙上的应用研究. 光谱学与光谱分析,2006,26(12): 2190～2192
芮玉奎,罗云波,黄昆仑等. 近红外光谱在转基因玉米检测识别中的应用. 光谱学与光谱分析, 2005,25(10): 1581～1583
芮玉奎,王保民,李召虎等. 转基因抗虫作物中豇豆胰蛋白酶抑制剂(CpTI)酶联免疫检测方法的建立. 中国农业科学, 2004,37(10): 1575～1579
尚常花,杨康,袁振宏等. 藻类转基因研究进展. 安徽农业科学,2011,39(13): 7611～7612,7639
尚泓泉,王振云,陈炳. 转基因农作物的潜在优势、风险及发展策略浅析. 河南农业科学,2009,7: 11～13,34
沈立明,吴永宁,张建中等. 不同加工条件下转基因大米潮霉素标记基因(hpt)稳定性研究. 卫生研究,2006,35(4): 431～434
食品中转基因植物成分定性 PCR 检测方法(SN/T 1202－2003)
食用油脂中转基因植物成分实时荧光 PCR 定性检测方法(SN/T 1203－2003)
水稻及其产品中转基因成分实时荧光 PCR 检测方法(SN/T 2584－2010)
宋贵文,李飞武,张明等. 我国农业转基因生物安全检测机构体系运行现状分析. 农业科技管理,2011,30(1): 40～43
宋君,王东,刘勇等. 转基因产品检测技术标准存在的问题及建议. 中国测试,2009,35(6): 88～90,109
宋新元,张欣芳,于壮等. 转基因植物环境安全评价策略. 生物安全学报,2011,20(1): 37～42
孙彩霞,刘信,徐俊峰等. 欧盟转基因食品溯源管理体系. 浙江农业学报,2009,21(6): 645～648
索郎拉姆. 转基因技术提高动物生产性能的研究进展. 动物医学进展,2011,32(4): 103～107
唐敬春,尤宏,孟宪林等. 转基因生物风险评价的实践与发展. 环境保护科学,2002,28: 49～51
田芳,王秀敏,滕达等. 环介导等温扩增技术在转基因饲料成分检测中的应用. 中国饲料,2010,21: 30～32
田芳,王秀敏,滕达等. 抗草甘膦转基因大豆及其加工产品的环介导等温扩增检测技术. 动物营养学报,2011,23(3): 480～485
汪海燕,叶庆富. HPT－ELISA 方法的建立及其在转基因水稻监测中的应用. 核农学报,2007,21(2): 168～172
汪亮,崔文涛,刘娣等. 可遗传与非可遗传构件应用与转基因动物食品安全评价介绍. 中国畜牧兽医, 2009,36(1): 151～154
汪琳,罗英,周琦等. 核酸试纸条在检测转 EPSPS 基因作物中的应用. 生物技术通讯,2011,22(2): 238～242
汪琳,邢佑尚,周琦等. 3 种转基因成分检测蛋白芯片的研制. 植物检疫 Plant quarantine,2011,25(3): 1～6
汪小福,厉建萌,陈笑芸等. 日本转基因产品溯源管理模式. 浙江农业科学,2010,4: 701～704
王长永,陈良燕. 转基因生物环境释放风险评估的原则和一般模式. 农村生态环境,2001,17(2): 45－49
王建国,李润植. 转基因培育富集矿质营养的作物品种. 世界农业,2007,1: 60～61
王锦达,刘沛菡,王以一等. 转基因抗虫作物对寄生性天敌的影响综述. 江苏农业科学,2010,2: 361～364
王景平. 转基因植物的环境安全性. 安徽农业科学,2007,35(8): 2367～2369
王磊,杨超,卢宝荣. 利用决策树方法建立转基因植物环境生物安全评价诊断平台. 生物多样性,2010,18(3): 215～226
王林,韩飞,李爱科等. 不同加工工艺对大豆转基因成分及调控元件的影响. 大豆科学,2011,30(1): 136～140
王荣谈,刘冬儿,厉建萌等. 实时荧光定量 PCR 技术及其在植物转基因产品检测中的应用. 植物生理学通讯,

2009,45(6)：591～597
王荣谈，张建中，刘冬儿等. 转基因产品检测方法研究进展. 上海农业学报，2010，26(1)：116～119
王炜，张永光，王永录等. 口蹄疫病毒亚洲Ⅰ型 YNBS/58 株 P12A－3C 转基因植物双元表达载体的构建. 中国人兽共患病学报，2006，22(11)：1059～1061，1064
王文成. 国际转基因生物食品安全检测分析. 粮食加工，2011，36(5)：77～78
王晓通. 转基因饲料原料与动物性食品安全. 饲料广角，2006，5：23～24
王晓文，高阳. 转基因作物主要特性及环境安全性分析. 知识经济，2009，18：135～136
王学亮，杨婕. DNA 电化学生物传感器在转基因植物特定序列基因检测中的应用. 理化检验——化学分册，2011，47：133～138
王永，兰青阔，赵新等. 转基因作物外源转基因成分环介导等温扩增技术检测方法的建立及应用. 中国农业科学，2009，42(4)：1473～1477
王永飞，马三梅. 转基因植物及其应用. 武汉：华中科技大学出版社，2007
王振宇，蒋媛媛，马奇祥等. 转抗病基因棉花荒地生存竞争能力研究. 河南农业科学，2010，10：51～52，120
王志飞. 19 项转基因国标元旦生效. 农药市场信息，2011，2：49
王志坤，刘珊珊，武小霞等. 美国转基因农作物田间释放试验管理. 大豆科学，2010，29(3)：530～533
魏庆信，刘西梅，乔宪凤等. 转基因家畜对环境和食品的安全性分析及应对策略. 生物技术通报，2010，9：21～24
魏伟，赵波. 转基因生物安全性评价的由来和发展. 植物杂志，2000，2：42～43
吴惠仙，白素英，金煜. 转基因动物的应用及问题安全. 畜牧兽医科技信息，2008，2：4～6
吴奇，彭德良，彭于发. 抗草甘膦转基因大豆对非靶标节肢动物群落多样性的影响. 生态学报，2008，28(6)：2622～ 2628
吴婷，杨月欣，张立实. 食物的营养学评价方法研究进展. 国外医学卫生学分册，2009，36(2)：97～101
吴研，王振营，赵长山等. 转基因抗虫植物对昆虫天敌的影响. 东北农业大学学报，2007，38(1)：107～112
吴易雄，田勇泉. 转基因动物器官移植的安全问题及对策研究. 生物技术通报，2008，2：28～30
吴易雄，田勇泉. 转基因动物食品安全性评价研究. 现代生物医学进展，2009，9(1)：189～191
吴易雄，田勇泉. 转基因动物研究与发展的管理战略. 科技与管理，2008，10(3)：8～11
吴永彬，肖维威，马文丽. 实时荧光定量 PCR 技术在转基因食品检测领域中的应用. 生物技术通讯，2011，22(4)：575～579
吴振，顾宪红. 国内外转基因食品安全管理法律法规概览. 四川畜牧兽医，2011，4：25～28
武海斌，孙红炜，李宝笃等. 转基因玉米多重 PCR～基因芯片联用的检测方法. 农业生物技术学报，2009，17(6)：1075～1082
武小霞，张彬彬，王志坤等. 转基因作物的生物安全性管理及安全评价. 作物杂志，2010，4：1～3
夏勇，张双凤，于村等. 转乙肝抗原蛋白基因苜蓿毒理学安全性的研究. 中国现代应用药学，2011，28(8)：696～701
小麦种转基因成分 PCR 和实时荧光 PCR 定性检测方法(SN/T 1943－2007)
肖能文，陈法军，吴刚等. 转基因作物对害虫和天敌影响的研究概况. 安徽农业科学，2009，37(28)：13778～13781
肖唐华，周德翼，李成贵. 转基因生物风险类型及其监管特点. 中国科技论坛，2008，4：120～124
肖一争，唐咏，宛煜嵩等. 利用复合 PCR 结合 DNA 芯片的方法进行快速转基因事件检测. 中国农业科技导报，2007，9(4)：101～107
谢风连. 转基因食品的管理现状及政策建议. 经营管理者，2011，4：116

谢丽娟,应义斌,应铁进等. 可见/近红外光谱分析技术鉴别转基因番茄叶. 光谱学与光谱分析,2008,28(5):1062～1066

徐俊锋,陈笑芸,孙彩霞. 转基因动物及其食品安全性评估方法. 食品科学,2010,31(5):302～306

许小丹,文思远,王升启等. 检测及鉴定 Roundup Ready 转基因大豆寡核苷酸芯片的制备. 农业生物技术学报,2005,13(4):429～434

薛达元. 转基因生物安全离不开公众参与. 中国改革,2010,4:81～83

薛堃,张文国. 转基因植物的非靶标效应——以转 Bt 基因棉为例. 中央民族大学学报,2008,17:40～50

烟草中转基因成分定性 PCR 检测方法(SN/T 1200－2003)

严吉明,崔林开,叶华智等. 转 Bt 基因植物中杀虫蛋白的酶联免疫检测技术研究 II. Bt 杀虫晶体蛋白抗体的制备. 四川农业大学学报,2005,23(2):163～167

严吉明,叶华智,伍光庆等. 转 Bt 抗虫基因植物中杀虫蛋白的酶联免疫检测技术研究Ⅲ. 酶联免疫(ELISA)间接法检测 Bt 杀虫蛋白研究. 四川农业大学学报,2005,23(3):280～284

严吉明,叶华智,张敏等. 转 Bt 基因植物中杀虫蛋白的酶联免疫检测技术研究 I. Bt 菌 HD－1 的杀虫晶体蛋白抗原制备. 四川农业大学学报,2005,23(1):29～32,38

杨冬燕,邓平建,周向阳等. 转基因植物非预期效应及其评价. 中国热带医学,2010,10(1):123～124,126

杨冬燕,王学林,杨小柯等. 全基因组芯片对转基因水稻及其受体基因表达谱比较性. 中国热带医学,2009,9(12):2239～2240,2283

杨冬燕,杨永存,杨小柯等. 利用基因芯片技术评估转基因生物安全性的应用现状及前景. 华南预防医学,2010,36(1):61～63

杨慧婷,王洪梅,孙涛等. 动物转基因研究进展. 现代农业科技,2011,2:323～326

杨普云. 植物病毒转基因风险性分析. 植保技术与推广,2000,20(5):36～37

杨文友,刘闯,秦智勇. 进境转基因大豆后续监管风险分析与管理. 现代农业科技,2011,10:374,377

杨永华. 转基因作物对土壤微生物群落的影响及主要研究策略. 农业生物技术学报,2011,19(1):1～8

姚永祥,张启媛,王护民等. 植物用转基因微生物及其产品安全性毒理学研究. 职业与健康,2003,19(7):61～63

叶汉英,杨伟华. 转基因大豆的发展及其安全性评价. 粮油加工,2007,4:45～48

油菜籽中转基因成分定性 PCR 检测方法(SN/T 1197－2003)

于忠娜,苗向阳,单虎等. 应用 PCR－ELISA 技术检测转基因豆粕. 畜牧与兽医,2007,39(11):32～34

玉米中转基因成分定性 PCR 检测方法(SN/T 1196－2003)

袁婺洲. 基因工程. 北京:化学工业出版社,2010

袁一杨,戈峰. 转 Bt 基因作物对非靶标土壤动物的影响. 应用生态学报,2010,21(5):1339～1345

曾北危. 转基因生物安全. 北京:化学工业出版社,2004

曾凡锁,骆薇,赵宏翠等. 抗体夹心 BGT－ELISA 方法的建立及在转基因白桦中的应用. 中国农学报,2010,26(01):67～73

曾娜,郑晓琴. 转基因食品风险规制:制度模式与改进方向. 科技与法律,2011,91(3):35～38

翟亚锋,苏谦,邬文锦等. 基于仿生模式识别和近红外光谱的转基因小麦快速鉴别方法. 光谱学与光谱分析,2010,30(4):924～928

翟中和,王喜忠,丁明孝. 细胞生物学. 北京:高等教育出版社,2010

张昂,陆启玉. 转基因食品的安全性评价及管理对策. 粮油加工,2010,4:74～76

张大兵,郭金超. 转基因生物及其产品检测技术和标准化. 生命科学,2011,23(2):195～204

张二芹,李世访,王春凤等. 轮状病毒转基因植物疫苗的研究进展. 中国畜牧兽医,2006,4:72～73

张二芹，李世访，王春凤等. 猪轮状病毒 VP6 基因烟草植物的获得. 中国兽医学报，2006，26(2)：173～174
张富丽，雷绍荣，刘勇. 转基因作物及加工品检测技术概述. 生物技术通讯，2009，20(5)：733～737
张惠展，贾林芝. 基因工程. 北京：高等教育出版社，2010
张建中，官小燕，张海波等. 可用于转基因产品检测中的核酸体外等温扩增技术分析. 中国农业科技导报，2010，12(4)：29～33
张建中，刘铁男，张海波等. 转基因生物核酸检测新技术研究进展. 上海农业学报，2011，27(1)：117～120
张健. 转基因动物技术. 北京：科学出版社，2009
张磊，戴瓯和. 转基因大豆安全性评价与发展趋势. 安徽农学通报，2003，9(1)：54～55
张利平. 公众参与转基因食品评价的合理性和意义分析. 辽宁工程技术大学学报(社会科学版)，2007，9(6)：573～575
张慎举，袁仲. 转基因食品的发展及其安全管理. 中国食物与营养，2006，2：15～17
张占军，王富花. 酶联免疫吸附技术及其在食品安全检测中的应用. 食品研究与开发，2011，32(1)：157～159
张志罡，付秀芹，孙继英等. 中国转基因作物风险评估技术研究进展. 生物技术通报，2007，4：64～66
张卓，刘二明，黄文坤等. 抗草甘膦转基因大豆对豆田主要杂草多样性的影响. 湖南农业科学，2011，14：30～31，38
章雷. 浅谈转基因树木的生态风险. 科技创新导报，2008，21：190
赵凯，朱宏，赵星海等. 转基因植物环境安全性研究进展. 生物学通报，2009，44(4)：8～11
赵祥祥，夏秋霞，陆大雷等. 转抗除草剂基因油菜与 5 种十字花科杂草的基因流研究. 自然科学进展，2006，16(7)：822～827
植物及其产品转基因成分检测抽样和制样方法(SN/T 1194－2003)
植物及其加工产品中转基因成分实时荧光 PCR 定性检验方法(SN/T 1204－2003)
植物性饲料中转基因成分定性 PCR 检测方法(SN/T 1201－2003)
中国将启动转基因生物安全立法. 菜业咨询，2011，3：60
中国科学家阐明转基因 Bt 棉种植对靶标与非靶标昆虫种群的影响机制. 分子植物育种，2010，8(3)：417～419
钟卫鸿. 基因工程技术. 北京：化学工业出版社，2007
周帮扬，梅章慧，李娟. 转基因生物安全公众要"掺和". 环境保护，2010，22：32～33
周光华. 转基因技术发展现状及其品种的安全性评价. 种子世界，2003，4：3～5
周鹏. 转基因植物生物反应器. 北京：中国农业出版社，2009
周萍萍，尤元海，吴永宁等. 转基因大豆低密度基因芯片的检测方法研究. 中国食品卫生杂志，2008，20(2)：97～102
周伟. 美国的转基因生物安全管理与生物技术风险交流. 安徽农学通报，2008，14(21)：3～5
周晓唯，张璐. 转基因产品进出口管理的政策选择. 长安大学学报(社会科学版)，2008，10(4)：46～50
周学永，刘宁等. 转 Bt 基因作物释放杀虫晶体蛋白对土壤生态安全的影响. 遗传，2011，33(5)：443～448
周艳红，丁衬衬，史建荣. 转基因作物对土壤微生物多样性影响研究技术的进展. 江苏农业科学，2010，4：362～365
周艳华. 转基因动物的安全性评价——动物安全和食品安全. 现代畜牧兽医，2011，9：64～65
朱莉飞，朱明艳，肖曙光. 转基因林木生物安全性评价及管理研究. 河南林业科技，2008，28(1)：35～37
朱占齐，王卫国. 转基因作物安全性及外源基因加工降解研究进展. 饲料工业，2010，31(10)：54～57
转基因产品检测 抽样和制样方法(GB/T 1949 5.7－2004)
转基因产品检测 蛋白质检测方法(GB/T 1949 5.8－2004)

转基因产品检测 核酸定量 PCR 检测方法(GB/T 1949 5.5－2004)
转基因产品检测 核酸定性 PCR 检测方法(GB/T 1949 5.4－2004)
转基因产品检测 核酸提取纯化方法(GB/T 1949 5.3－2004)
转基因产品检测 基因芯片检测方法(GB/T 1949 5.6－2004)
转基因产品检测 实验室技术要求(GB/T 1949 5.2－2004)
转基因产品检测 通用要求和定义(GB/T 1949 5.1－2004)
转基因动物及其产品成分检测促生长转 ScGH 基因鲤鱼定性 PCR 方法(农业部 953 号公告－5－2007)
转基因鲑鱼威胁野生鲑鱼生存.水产养殖,2001,1：21
转基因生物及其产品食用安全检测-模拟胃肠液外源蛋白质消化稳定性试验方法(农业部 869 号公告－2－2007)
转基因微生物定性检测方法(SN/T 2667－2010)
转基因杂草从封闭温室向周围逃逸.基因组学与应用生物学,2009,6：1116
转基因植物及其产品成分检测抗虫和耐除草剂玉米 Bt11 及其衍生品种定性 PCR 方法 9 农业部 869 号公告－3－2007)
转基因植物及其产品成分检测抗虫和耐除草剂玉米 Bt176 及其衍生品种定性 PCR 方法(农业部 869 号公告－8－2007)
转基因植物及其产品成分检测抗虫和耐除草剂玉米 TC1507 及其衍生品种定性 PCR 方法(农业部 869 号公告－7－2007)
转基因植物及其产品成分检测抗虫水稻 TT51－1 及其衍生品种定性 PCR 方法(农业部 1193 号公告－3－2009)
转基因植物及其产品成分检测抗虫玉米 Bt10 及其衍生品种定性 PCR 方法(农业部 953 号公告－1－2007)
转基因植物及其产品成分检测抗虫玉米 CBH351 及其衍生品种定性 PCR 方法(农业部 953 号公告－2－2007)
转基因植物及其产品成分检测抗虫玉米 MON810 及其衍生品种定性 PCR 方法(农业部 869 号公告－9－2007)
转基因植物及其产品成分检测抗虫玉米 MON863 及其衍生品种定性 PCR 方法(农业部 869 号公告－10－2007)
转基因植物及其产品成分检测抗虫转 Bt 基因水稻定性 PCR 方法(农业部 953 号公告－6－2007)
转基因植物及其产品成分检测抗除草剂油菜 GT73 及其衍生品种定性 PCR 方法(农业部 869 号公告－11－2007)
转基因植物及其产品成分检测抗除草剂油菜 MS1、RF1 及其衍生品种定性 PCR 方法(农业部 869 号公告－4－2007)
转基因植物及其产品成分检测抗除草剂油菜 MS1、RF2 及其衍生品种定性 PCR 方法(农业部 869 号公告－6－2007)
转基因植物及其产品成分检测抗除草剂油菜 MS8、RF3 及其衍生品种 定性 PCR 方法(农业部 869 号公告-5－2007)
转基因植物及其产品成分检测耐除草剂油菜 Oxy－235 及其衍生品种定性 PCR 方法(农业部 953 号公告－4－2007)
转基因植物及其产品成分检测耐除草剂油菜 T45 及其衍生品种定性 PCR 方法(农业部 953 号公告－3－2007)
转基因植物及其产品成分检测耐除草剂油菜 Topas19－2 及其衍生品种定性 PCR 方法(农业部 1193 号公告－

2-2009)
转基因植物及其产品成分检测耐除草剂玉米 GA21 及其衍生品种定性 PCR 方法(农业部 869 号公告-12-2007)
转基因植物及其产品成分检测耐除草剂玉米 NK603 及其衍生品种定性 PCR 方法(农业部 869 号公告-13-2007)
转基因植物及其产品成分检测耐除草剂玉米 T25 及其衍生品种定性 PCR 方法(农业部 869 号公告-14-2007)
转基因植物及其产品成分检测耐贮藏番茄 D2 及其衍生品种定性 PCR 方法(农业部 1193 号公告-1-2009)
转基因植物及其产品环境安全检测抗病水稻第 1 部分：对靶标病害的抗性(农业部 953 号公告-9.1-2007)
转基因植物及其产品环境安全检测抗病水稻第 2 部分：生存竞争能力(农业部 953 号公告-9.2-2007)
转基因植物及其产品环境安全检测抗病水稻第 3 部分：外源基因漂移(农业部 953 号公告-9.3-2007)
转基因植物及其产品环境安全检测抗病水稻第 4 部分：生物多样性影响(农业部 953 号公告-9.4-2007)
转基因植物及其产品环境安全检测抗虫棉花第 1 部分：对靶标害虫的抗虫性(农业部 953 号公告-12.1-2007)
转基因植物及其产品环境安全检测抗虫棉花第 2 部分：生存竞争能力(农业部 953 号公告-12.2-2007)
转基因植物及其产品环境安全检测抗虫棉花第 3 部分：基因漂移(农业部 953 号公告-12.3-2007)
转基因植物及其产品环境安全检测抗虫棉花第 4 部分：生物多样性影响(农业部 953 号公告-12.4-2007)
转基因植物及其产品环境安全检测抗虫水稻第 1 部分：抗虫性(农业部 953 号公告-8.1-2007)
转基因植物及其产品环境安全检测抗虫水稻第 2 部分：生存竞争能力(农业部 953 号公告-8.2-2007)
转基因植物及其产品环境安全检测抗虫水稻第 3 部分：外源基因漂移(农业部 953 号公告-8.3-2007)
转基因植物及其产品环境安全检测抗虫水稻第 4 部分：生物多样性影响(农业部 953 号公告-8.4-2007)
转基因植物及其产品环境安全检测抗虫玉米第 1 部分：抗虫性(农业部 953 号公告-10.1-2007)
转基因植物及其产品环境安全检测抗虫玉米第 2 部分：生存竞争能力(农业部 953 号公告-10.2-2007)
转基因植物及其产品环境安全检测抗虫玉米第 3 部分：外源基因漂移(农业部 953 号公告-10.3-2007)
转基因植物及其产品环境安全检测抗虫玉米第 4 部分：生物多样性影响(农业部 953 号公告-10.4-2007)
转基因植物及其产品环境安全检测抗除草剂玉米第 1 部分：除草剂耐受性(农业部 953 号公告-11.1-2007)
转基因植物及其产品环境安全检测抗除草剂玉米第 2 部分：生存竞争能力(农业部 953 号公告-11.2-2007)
转基因植物及其产品环境安全检测抗除草剂玉米第 4 部分：生存竞争能力(农业部 953 号公告-11.4-2007)
转基因植物及其产品环境安全检测育性改变油菜(农业部 953 号公告-7-2007)
转基因植物及其产品食用安全检测大鼠 90d 喂养试验(NY/T 1102-2006)
转基因植物及其产品食用安全检测大鼠 90 d 喂养试验(NY/T1102-2006)
转基因植物及其产品食用安全检测抗营养素第 1 部分：植酸、棉酚和芥酸的测定(NY/T1103.1-2006)
转基因植物及其产品食用安全检测抗营养素第 2 部分：胰蛋白酶抑制剂的测定(NY/T1103.2-2006)
转基因植物及其产品食用安全检测抗营养素第 3 部分：硫代葡萄糖苷的测定(NY/T1103.3-2006)
转基因植物及其产品食用安全性评价导则(NY/T 1101-2006)
转基因植物及其产品食用安全性评价导则(NY1101-2006)
转基因植物及其产品食用安全性评价导则. 中华人民共和国农业行业标准(NY1101-2006)
转基因植物品系特异性检测方法(SN/T 2668-2010)
庄先. 须重视隐性食品安全问题. 中国人大，2010，3：21
卓勤，杨晓光. 转基因作物的安全性评价策略、现状及发展. 卫生研究，2005，34(2)：244～247
邹克琴. 基因工程原理和技术. 杭州：浙江大学出版社，2009

Arne H J. Testing for genetically modified organisms (GMOs): Past, present and future perspectives. Biotechnology Advances, 2009, (27): 1071～1082

Feriotto G, Gardenghi S, Bianchi N, et al. Quantitation of Bt-176 maize genomic sequences by surface plasmon resonance - based biospecific interaction analysis of multiplex polymerase chainreaction (PCR). J Agric Food Chem, 2002, 50(5): 955～962

James C. 2010年全球生物技术/转基因作物商业化发展态势. 生物工程杂志, 2011, 31(3): 1～12

James C. 2011年全球生物技术/转基因作物商业化发展态势. 生物工程杂志, 2012, 32(1): 1～14

Kerman K, Vestergaard M, Nagatani N, et al. Label-free electrochemical immunoassay for the detection of human chorionic gonadotropin hormone. AnalChem, 2006, 78: 2182～2189

Lu Y, Wu K, Jiang Y, et al. Widespread adoption of Bt cotton and insecticide decrease promotes biocontrol services. Nature, 2012, doi: 10.1038

Lucarelli F, Marrazza G, Mascini M, et al. Carbon and gold electrodes as electrochemical transducers for DNA hybridisation sensors. Biosens Bioelectron, 2005, 20: 2001～2009

Minunni M, Tombelli S, Fonti J, et al. Detection of fragmented genomic DNA by PCR-free piezoelectric sensing using a denaturation approach. Journal of the American Chemical Society, 2005, 127: 7966～7967

Passamano M, Pighini M. QCM DNA-sensor for GMOs detection. Sensors and Actuators B: Chemical, 2006, 118: 177～181

Stobiecka M, Cieśla J M, Janowska B, et al. Piezoelectric Sensor for determination of genetically modified soybean roundup ready in samples not amplified by PCR. Sensors, 2007, 7: 1462～1479

Yasuyoshi M, Masataka K, et al. Methods real-time turbidimetry of LAMP reaction for quantifying template DNA. Journal of Biochem and Biochemical Methods, 2004, (59): 145～157

Zhang L, Hou D, Chen X, et al. Exogenous plant MIR168a specifically targets mammalian LDLRAP1: evidence of cross-kingdom regulation by microRNA. Cell Research, 2012, 22(1): 107～126